U0055052

用LINE FB賺大錢

第一次經營品牌就上手

原來
葉方良 著

序

這個時代是資訊快到令人窒息的時代，從以前必須飛鴿傳書、五百里加急累死驛馬的時代，沒有幾百年的時間，網路媒體傳播訊息全球幾乎同步，甚至透過監視器和人肉搜索的網路搜尋，隱私權也面臨挑戰。

品牌經營的方式也一直在進化與變革，產品行銷模式不斷有人翻新，甚至個人學習新科技知識的速度必須跟得上產業更迭的速度，沒有十幾年的時間，以前廣告公司還有完稿部門專門製作完稿，現在設計人員就可以直接傳檔案給印刷廠了，那一批可愛親切的完稿人員必須另外去學習及從事新行業了。

沒有幾年的時間，從以前只有大老闆才可以擁有的大哥大手機，到現在人手一兩支手機；以前在東京旅遊時經常看到電車內一堆人在看報紙，現在多在看手機。微時間、微行銷的時代來臨，扼殺了以前很多行業，但是也開創了很多新事業，或許這就是「物質不滅定律」之新解。

根據經濟日報在2014年6月3日記者潘俊琳和柯玥寧的報導，快時尚旋風所標榜的平價和流行兩大概念的結合幾乎無人能擋，光是2013年ZARA在台灣創造了18億元營業額，這等於是搶走180個台灣本土服裝品牌的總業績，更遑論UNIQLO、GAP、GU、H&M、A&F等陸續來台設點；自從2010年UNIQLO登台，

2011年ZARA進駐，即大幅衝擊百貨服飾業績，2012年全台百貨服裝業種業績大幅衰退約15%，2013年雖然跌幅不大，但仍有年減7%的跌幅，從台北五分埔人潮退潮的速度可資證明。

這個現象絕對不是只有台灣地區的問題，這是全世界任何一個地方必須正視的生存問題，尤其是時尚產業任何一個中小型品牌，現在的消費者喜歡「價格合理」的時尚服飾，買得容易，花錢比較不心疼，加上業者刻意出貨量少，新品隨時上架，更增加了消費者看到喜歡的就搶購，以及增加逛店面的頻率，因為隨時都有新鮮感。

「從1996至2000年間，衣服的價格便開始年年下降，到了創下銷售比例歷史新高的2001年時，價格更是大幅下降了6%。在一份由資誠會計師事務所（Priceaterhouse Coopers）都會分析師Mark Hudson所進行的研究中，回溯1995年到2005年間Next網購的目錄，證實發生了一些非常奇怪的事情：在過去幾年裡，價格事實上下降了共40%。而自2003到2007年的四年間，服飾的零售價格平均起來一共下降了10%。」[1]

請思考一下服裝的製作細節，鈕扣品質，接縫線，以前是小心地隱藏維持外表美觀，現在是大辣辣的車縫過去外露，口袋，以及服飾上頭點綴的裝飾，便宜的服飾降低了我們對服飾的審美要求，也削減了設計師創作的熱忱，更扼殺了廠商應有的利潤，連帶所及，就是製造工廠外移到更低廉工資的國家，而該國的勞工也不會有好的工資和工作環境，因為工廠老闆也必須在有

[1] 王芷華、李旻萍（2015）。為什麼你該花更多的錢，買更少的衣服？（原作者：Lucy Siegle）台北市：麥田，城邦文化出版。（原著出版年：2011）頁49-50。

限的訂單金額中賺取更多的利潤。這引發了一個新的問題，那就是衣服大量的製造，大量的皮草讓更多的動物受苦，植物也難逃一劫，大量的染整廢水汙染並毒害我們的環境，「平價時尚」所帶來的問題，不是本書所要討論的，詳情請見Lucy Siegle所著To Die For: is Fashion Wearing Out the World乙書有詳細論述。

以下這個情況雖然是特例，但是也反映了某些現代時尚的情況。「一位在出版業工作的時尚評論家，在看到一位得意洋洋地提著六、七袋裝滿衣物的Primark棕色大袋的顧客時，流露出不可置信的表情。那是個下著大雨的一天，當這名年輕女性沿著牛津大街走的時候，其中一袋的提把斷掉了，摺好的棉質衣物就這樣散落在人行道上。當然啦，這位記者理所當然地預期會看到她彎下腰來撿起這些全新的衣服，但是她沒有，她就這繼續往前走了。時尚，在這個年頭已經不值一文，近乎垃圾了。」[2]

從時尚服飾的中小企業及工作室的立場來看，服飾的價格已經低到消費者可以隨意拋棄的程度，這對於注重設計質感的業者來說，真是一件淌血遍地的辛酸苦楚多味參雜的局面。

任何一個年代都面臨各種不同的難題，就是在網路上銷售更是遇到這樣的問題，在只有圖像的展示，有一些情境性文字的描述，消費者在無法一如實體店面購買時有手觸摸的感覺，拿起來配比身材的動作，所能夠評比的，大多數只有「價格」一途，可以預見的結果是，廠商展售的價格被迫越來越低，其成本和品質也必須下降，黑心商品的新聞時有所聞是必然的。

---

[2] 王芷華、李旻萍（2015）。為什麼你該花更多的錢，買更少的衣服？（原作者：Lucy Siegle）台北市：麥田，城邦文化出版。（原著出版年：2011）頁32。

時尚產業也步入了走向兩端的M型發展，不是很便宜，就是很貴，中間價位品質設計的廠商經營日益嚴峻，我們每一個人都是「罪魁禍首」，無論你是從事哪一個行業，你必須去買其他行業的產品，當我們買東西時絕大多數決策的判斷標準就是價格，而且絲毫沒有讓廠商賺合理利潤的「容忍」之心，現在的社會消費氛圍就是大家共同競逐低價創造出來的。

雖然有品質意識，或是有材料知識的消費者都知道，一瓶天然釀造的醬油如果低於某一個價位，就絕對不是天然釀造的；一瓶橄欖油如果低於某個價位，就一定不會是純正的，但是低價促銷的誘惑經常忘了這些理性知識，更遑論絕大多數的消費者根本缺乏這類的品質成本材料的知識。

怎麼辦？大家日子還是要過，縱使ZARA、UNIQLO、GAP、GU、H&M、A&F等大廠大賺，總不能雇用時尚服飾業所有的人吧！位居中間價位，希望保持一定的製作品質、設計品味，同時也要有可以生存的利潤的廠商，目前唯一可以做的事情，應該就是「創造具有差異化特色的品牌」，以博取目標消費者的青睞，在他們購買平價時尚服飾及配件的同時，也會去採購適合自己品味的優質感、個性主張、或是獨特美感的服飾或配件；再加上網路行銷的加持，反正現在大家都在滑手機、逛網頁，現在幾乎沒有年輕人在看報紙，電視新聞也少看了，這樣的網路風潮，時尚產業肯定要跟上腳步！好不容易建立一個時尚品牌，就利用網路社群廣泛地和大眾接觸啊！

要建立一個品牌，有很多重要的關鍵因素必須全部到位，品牌的操作是全盤性的，絕對不是設計一個好看的LOGO，甚至更聰明的人還花盡心思製作得和知名品牌神似，以及店面展示陳列弄得很豪華就行；我在講品牌經營管理課的時候，經常提及一個觀念，行銷這件事情樣樣都要通，每一個項目不很精沒有關係，但是要懂，如果你一直忽略或不關心某一件事，例如財務、智財權、或是目標消費者，而未來你應該就會敗在那個地方。

再論及現代網路的操作，在一般的企業和個人網頁、論壇等「傳統」的網站之外，陸續出現了新的社群網站，從以前大家都在看部落格的文章，一站一站的逛；到Facebook出現，大家的通信與溝通又多了一種樂趣，也連絡上好久不見的朋友，平常也可以看到朋友的動態消息；現在有LINE和WeChat，說一句話不必擔心所有人都看得到，只有屬於自己的群組看得到。每一個社群網站都有可以操作的地方，懂得操作就可以利用別人已經建立的群組滲入而廣為宣傳，再利用別人按讚的行為又可以跳入他們的動態，這樣的發展是以倍數計算！懂得操作網路、網頁、社群，就可以四兩撥千斤，小兵立大功，這是資訊媒體帶給我們的大禮物，但是你要會使用。

所以，目標消費者明確而具有差異化或個性化特色的品牌，加上社群網路的建立與推廣，要建立忠誠消費者是有可能的，這也是中小時尚品牌廠商必須要走的路，也是有機會創造屬於自己一塊生存之地的方式之一。

這本書的規劃就是按照這樣的思維設計，談時尚產業的特性，品牌操作策略與全盤思考的相互關聯，馬上就開始設計屬於你自己的社群企業網頁，以及說明如何推廣與建立自己的消費族群，希望這本可以成為中小企業的求生指導手冊。

這次特別邀請網路行銷專家葉方良先生執筆，撰寫LINE和FB的操作與推廣，以及網路行銷的促銷手法，一起合著這本書，希望能夠提供讀者一個視野完整的品牌與事業規畫，以及從LINE的功能與製作解說啟動你網路行銷的第一步，希望大家都能夠在現代這個快速變動的社會中生存得很順暢而穩定。

原來　謹識

二〇一五年五月十五日於桃園

目 次

商品要流行，你才會賺錢

／原來

一、定義時尚，創造流行

時尚，即是時代風尚，或謂時髦、流行，甚至是一種生活的形式，Sapir（1931）[1]認為「時尚是一種與日常生活形式不同的生活型態，而逐漸架構而成的個人特色。」這是將日常生活做有意識性的區別，再加上Sproles（1979）[2]定義「時尚是一種暫時地採用社會某特定群體行為的模式，而這個行為的採用決定是當時社會情境所認同的。」這個見解和德國社會學家齊美爾（George Simmel）[3]有呼應之意，他聲稱時尚具有區分社會階層的功能意義，他說：「時尚滿足區分的需要，提供了一種傾向於區隔、改變與個體的相互對比；時尚一方面經由其內容的

1 Sapir, Edward（1931）. Fashion. Encyclopaedia of the Social Sciences. 6, New York: Macmillan. p.139-144.

2 Sproles, G.B.（1979）. Fashion: Consumer Behaviour Toward Dress. Minneapolis: Burgess Publishing.

3 George Simmel, The Philosophy of Fashion, in David Frisby and Mike Featherstone（Eds）, Simmel On Culture: Selected Writing, Sage, London, U.K., 188-189（1997）.

改變，以今日的服飾為獨立的個體提供一個標記，用以與昨日和明日的個體作為區分，另一方面，時尚讓上流社會透過時尚將自己與底層社會區分開來；時尚具備了社會區分的功能」。齊美爾（Simmel）在1904年提出「涓流理論」（Trickle-Down Theory）。他認為任何的流行風格首先是由上流階級所帶頭引導的，其目的是作為一種地位的象徵。然後這種風格會如水滴般向下擴散，因為下層階級的人會企圖去模仿，希望藉此提升他人對自己社會地位的評價。但同時，上層的菁英階級也會仔細觀察下層階級的動向，當先前的象徵與風格已經過度普及化，他們便會移往另一種新風格，以便與下層階級再度做出區隔。可以看出在這個「趨異」與「從眾」的互動過程中，區隔明確的社會階級是整體動力的來源。過去一世紀以來，齊美爾的理論受到許多研究者的挑戰與修正，但是其核心觀念，仍然適合用來說明在現代社會中各類的流行不停轉變的原因，當然也可以用來說明亞洲地區名牌消費的狀況。

時尚（Fashion）一字的語源，來自於拉丁文的Facio（或Factio），本意為製造（Making）或從事（Doing），古法文的同義字為Fazon。英國人將法文的Mnaière和Façoner翻譯成英文單字Fashion，意指製造或者某種特別的樣式／外型，或者是方法（Way/Manner）。到了1489年左右，Fashion一字開始具有現代意涵，常被用來描述在社會上層階級的穿著或生活方式。1901年出版的《新牛津英文大辭典》則把Fashion解釋為製造／行為過程、風格、流行的風俗、時下或約定俗成的衣著和生活風尚：「The Fashion」

一詞被定義為當代社會的衣著風格、禮儀、家具、言談風格。[4]

在《Wrebster's New Twentieth-Century Dictionary》中對「fashion」的定義為：流行是（1）某種東西的「形式」（make）或形式；（2）行動或操作的模式；（3）廣為流行的服裝、用法或風格；（4）於某一特定時期盛行的風格（如服飾）；（5）特別是經由服飾來彰顯個人的社會地位或顯著性。

在《Longman Dictionary of American English》中對「fashion」的定義為：（1）在某一時期被視為最好的穿著或行為方式；（2）不斷變動中的服裝，特別是女裝；（3）儀態、儀表（manner）或做某事的方式。

所以，有自信的人就「引領風騷」，沒有自信的人就「人云亦云」。時尚是一個群體移動的行為，這個移動不是地域性的遷移，而是美感品味表現的轉移，誠如石靈慧（2005）[5]認為，「時尚可以說是一種行為態度，一種生活風格，一種選擇。」這是一個世代的更迭足跡，正由於時尚是流動的，所以很難下一個普遍通認的定義，正由於時尚是創新和模仿的互動綜合體，在過去可能就像齊美爾所述的區分社會階層情況，某些自認品味高尚的群體所創新的服飾，「底層」階層爭相模仿，逼使創新的群體另外創造更新款的服飾，一波波有節奏的創新和模仿就構成了流

---

4 傅思華、楊宗霖（2010）。時尚與超現實主義。華岡紡織期刊，17（2），p.107-119。

5 石靈慧（2005），品牌魔咒—打造奢華品牌的Branding工程，台北：高談文化出版。

行現象，這應該是上一世代的移動節奏。

但是時至今日，網路媒體以超高速的資訊流動之勢，不僅改變了現代人的生活習慣，還興起平價時尚之風潮，以過去難以想像的便宜價格，加上超快速度的新款上架，任何設計師一有新款其他廠商隨即快速改裝上架的時尚新景象，不僅將創新的階層幾乎平面化，人人都可以成為創新階層，而且品味流動速度更快，快得讓大家幾乎迷失了自己，時尚的意義與價值觀，現在應該少有人去深思自省吧！說一個簡單的問題就好，我們真的需要這麼多的衣服和鞋子嗎？為了什麼？或許這個簡單的時尚定義，卻是一個不簡單的答案。

至於時尚產業的範圍，法國工業部界定流行時尚產業以服裝皮件為主體，香水、飾品配件為週邊產品。義大利除了皮件、香水、珠寶、眼鏡、紡織服裝、鞋、飾品配件之外，另外還涵蓋了家飾品、內衣與泳衣、寵物用品、銀器、個人用品系列、磁磚與文具用品等。美國則泛指服裝紡織、珠寶銀器、鞋類、包包和個人皮件，另外再包括家飾品、眼鏡、鐘錶、內衣、童裝、牛仔系列商品。

工業技術研究院產業經濟與趨勢研究中心於2009年10月26日向經濟部產業發展諮詢委員會提報的「流行時尚產業推動計畫規劃草案」[6]中，即建議流行時尚產業的定義為凡從事以服裝或配套產品與服務為核心，且強調流行元素注入之資訊傳遞、設計、研發、製造與流通等行業均屬之，其中包括（1）配套產品與服務包括皮件、珠寶、配件；（2）資訊傳遞涵蓋出版、廣告、藝

[6] 擷取自網路http://idac.tier.org.tw/DFiles/20091109172748.pdf，擷取日期2015／05／31。

術娛樂（模特兒經紀）；（3）流通涵蓋批發零售（銷售）直銷、物流、行銷活動服務。

該中心更將以上的產業分為狹義及廣義的時尚產業，並分別細分為四大層次。

1. 狹義的流行時尚產業

（1）服飾穿戴層次：

A.服裝：男裝、女裝。

B.鞋類：運動鞋、皮鞋。

C.配件：包、皮件、皮帶、皮夾、皮手套、珠寶、手錶、眼鏡。

2. 廣義的流行時尚產業

（1）健康、美麗層次：

A.化妝保養品：化妝品、保養品、彩妝品、香水、洗髮護髮品、美體產品。

B.美容服務：SPA服務、整體造型服務。

（2）家庭生活層次：

室內裝潢、家具、寢具、家電、3C產品、文具、瓷器、古董、藝術品、健身器材、寵物。

（3）社會生活層次：

健身服務、汽車、自行車、出版品。

工業技術研究院產業經濟與趨勢研究中心建議的流行時尚產業範疇應該是最週全的構想，令人感到憂心的是以經濟部「學界協助中小企業科技關懷跨域整合計畫」申請須知內明定優先協助之產業範圍包含受貿易自由化影響之「加強輔導型產業」：成衣、內衣、毛巾、毛衣、泳裝、織襪、製鞋、石材、木材、動物用藥、環境用藥、農藥用藥、家電、寢具、袋包箱、陶瓷、帽子、圍巾、手套、傘類、窗簾及護具等22項及「易受影響產業」：印刷工業、工具機、紙容器、模具、食品、運動用品、車輛零組件、金屬製品及衛浴五金等9項；傳產維新產業：製造業含MIT品牌服飾、新穎時尚LED燈具、生質塑膠產品、智慧小家電、數位電動手工具、精微金屬製品、安全智慧衛浴器材與特色烘培食品等8項及服務業含保鮮溯源物流服務、台灣美食魅力餐飲等2項，上述受貿易自由化影響及傳產維新產業。

以工研院定義之狹義和廣義的時尚產業就佔四成之多，這麼多的時尚產業受到自由化貿易的影響，這個現象絕對不是只有台灣地區才面臨到，幾乎全世界各地都有這樣的問題存在。今日因低廉工資受益的國家，國家收入增加和人民生活改善之後，馬上就面臨到下一個工資更低廉國家的競爭。

然而，時尚產品和其他的產品性質不盡相同，不是各產業生產商品這麼簡單而已，時尚帶有文化、美感、品味等涵意，消費者買的不只是成衣、內衣、毛衣、泳裝、織襪，而是時尚設計者和製造者所創造的喜好、品味，甚至是社經地位，消費者身上雖然穿的是衣服，但是他們卻認為自己穿的是時尚。

低廉工資國家所製造的只是物質上的成品，關鍵在於衣服「形而上」所包含的文化底蘊與設計美感等無形智慧資產，包含品牌魅力的塑造，這些才是廠商必須花70%以上用心經營的關鍵要素。

石靈慧在《品牌魔咒》中提出構成時尚效力的五大基因：

1. 新（Newest）：新鮮感與新奇性。

2. 美（Aesthetics）：令人愛不釋手的美學元素。

3. 變（Change）：創新的變化性。

4. 時（Time/Modernity）：充滿時代精神。

5. 人心（People）：符合多數人喜好。

這是被歸類為時尚狹義和廣義產業必須留心注意的，現在不是製造生產就可以順利賣出的時代，現在是生產過剩的年代，是品牌行銷的大時代。

這也是最難的部份，無論任何地方的代工廠，都會想要自創品牌，因為他們都不甘心一直為人作嫁，而且只賺取微薄的製造與管理利潤，亟思自創品牌賺取豐厚的利潤，殊不知雖然同一個行業，但是代工和品牌行銷還是隔行如隔山，就拿代工廠原料核算為廠價的極低倍率，對比於廠價乘以五倍左右的品牌行銷倍率來看，代工廠如何操作這高倍率所帶來的一堆工作？品牌建立與廣告行銷、事件行銷或促銷活動、展場設計與魅力塑造、目標消費者研究與趨勢分析等，通路高比例的抽成，廣告費用投入的不確定感，這些就夠代工廠老闆學一大半輩子了。

所以，如果真的要踏入時尚產業的品牌行銷，本書第一章應該要好好地思考，了解，觀察，直到頓悟與透徹。

二、你需要時尚吸金力

時尚，時代風尚，一種生活型態，或許也可以稱之為一種追求美感的生活型態，每個人在衣食飽暖之後，就會追求更高層次的心靈滿足感，更好看，更新鮮，更適合自己穿戴的服飾配件，這個「更」字就讓你家的衣櫃鞋櫃置物櫃不得空閒。

反過來說，你現在是老闆的身份，你要如何設計這個「更」

字，吸引消費者的注意，喜歡你設計的產品，不知不覺地買下去，這一個精緻的設計歷程，不是一個材料代工技術標準作業流程、成本精算可以達到的事情，時尚是活的、變動的、、文化與哲學的、感性與興趣、抓不到摸不到的軟性工程，這是需要自己用心去體驗感受的，不是技術學習實作可以竟其功的。

依工業技術研究院產業經濟與趨勢研究中心所提出的流行時尚產業四大特性如下：

1.產品生命週期短且具週期性。

2.流行元素是價值創造的來源。

3.每項產品都具獨特性、替代性低。

4.產品會互相搭配性購買。

所以這是屬於割裂（segmented）型市場，也就是市場區隔性強烈的市場，是一個完全競爭的市場結構，而《工作大贏家》雜誌2005年11月號時尚產業專輯裡也為時尚產業的特性歸納如下：

1.屬於創造性活動，具有知識密集的特點。

2.以研發為主要投入要素，以創意及創新為取向。

3.具有品牌導向之市場性。

4.具有永續性的高附加價值。

5.具有與不同產業結合的多元性。

6.帶有相當程度的精英文化特質。

所以這是一個創意和文化積累的產業，甚至也是創意產業中的指標性產業，透過人類腦力開發的智慧財產所形成並且應用於民生用品，進而創造財富與就業機會；加上其多元性及相互搭配性，可見時尚產業極需要多個群聚，互相分享資源，互相激盪，或是共同開發、共同採購等，這個群聚不必要是「精英文化」的特質，但是創新設計群聚的產生絕對是必要的。

以FCB模式也可以說明時尚產業和其他產業的區別，以比較性的方式也可以凸顯時尚產業需要著力的重點方向。

Vaughn（1980）[7]從廣告訴求和產品涉入兩個層面分析消費者行為模式，後來經由Foote, Cone & Belding（FCB）廣告公司修正為「FCB Grid廣告模式」，其模式架構之第一面向是根據消費者資訊處理的兩種態度——理性（Thinking）和感性（Feeling），某些情況會用理性（左腦）條理邏輯認知思考，有時則偏重於感性（右腦）視覺圖像思考。第二個面向則是描述消費者涉入的程度高低問題，也可說是關心程度，消費者對於該產品重視、覺得很珍貴，他的關心度就很高；反之較無趣、不重要的產品，則偏向於低關心度。這就產生了四個構面，四種消費者行為類型：資訊型（informative）情感型（affective）習慣養成型（habit formation）自我滿足型（self-satisfaction）或稱為衝動性購買類型。

購買汽車、房屋經常是理性、高關心度的態度，這類的產品是屬於資訊型的消費行為，所以現場的展示解說就顯得非常重要。

而情感型的消費行為（高關心度、情感思考）則是選購珠寶、化妝品、流行時尚產品的消費態度，這類的商品所屬的行業

---

7 Vaughn, Richard (1980). How advertising Works: A Planning Model. Journal of Advertising Research, Vol. 20, No. 5, 27-33.

是最強調與重視「風格」展示與氛圍的行業，對於品牌LOGO設計、產品款式設計、商品陳列與氛圍塑造，以及廣告訴求與情境的表達等，「軟實力」的展現非常重要，因此，時尚產業的設計費用絕對不能縮減，因為這正是需要創造吸引人品味的產業！

而低關心度、理性思考所產生的習慣養成型的消費行為，在選購家庭日常用品如牙膏、洗衣粉等經常抱持的消費態度，所以這一大類的日常用品廣告經費建議使用在賣場創意陳列及促銷活動，當消費者去賣場想要購買已經形成習慣的牙膏、洗髮精或潤膚乳的當時，期望能夠靠賣場創新的陳列與促銷而轉變消費者的購買意願與傾向。

至於自我滿足型則是因為低關心度—情感思考的消費態度，在購買飲料、零食時經常受到感性訴求等媒體的影響，這類型的消費行為也可以稱為是「衝動性購買」，電視媒體廣告也大多集中在這類產品的推廣活動上。

從FCB Grid廣告模式來看，情感型（affective）區內的珠寶、化妝品、流行服飾等行業最需要風格塑造，這一大類正是時尚產業的核心產業，或是狹義產業，當消費者在購買時尚產品之時，欣賞與享受造形色彩美感的成份很大，小至商品的設計，大至品牌商標設計的差異，延伸至展示陳列的藝術表現，所呈現整體的風格就是吸引消費者前來觀看商品的關鍵要素。

所以，時尚產業的特性就是創新和流動，而創新意謂著時代風格的改變，這種改變有時候是人類智慧開發創造的結果，有時候也不是主動去改變的，有時候是隨著時代更迭，社會消費觀念轉變而變，即使是時尚產業想要去做改變，也是事先嗅到社會風氣改變的煙硝味，搶先去推動的，這就是「與時俱進」吧。

	理性（Thinking）	感性（Feeling）
高關心度（High Involvement）	資訊型（informative） 汽車—房屋—家具—新產品 模式：Learn（學習）—Feel（感覺）—Do（行動） 希望效果：回憶、消費者決斷 媒體：長文案、可供反覆思考的媒體 創意：詳細且清楚的產品情報示範表演	情感型（affective） 珠寶—化妝品—流行服飾 模式：Feel（感覺）—Learn（學習）—Do（行動） 希望效果：改變態度、激起情慾 媒體：大篇幅表現，代表特殊形象的人事物 創意：有衝擊力的表現
低關心度（Low Involvement）	習慣養成型（habit formation） 食品、家庭性用品項目 模式：Do（行動）—Learn（學習）—Feel（感覺） 希望效果：立即銷售 媒體：小版面，十秒廣告片，廣播廣告，銷售點廣告 創意：提醒購買	自我滿足型（self-satisfaction） 香菸—飲料—零食 模式：Do（行動）—Feel（感覺）—Learn（學習） 希望效果：立即銷售 媒體：戶外看板廣告，報紙廣告，銷售點廣告 創意：引起注意

時尚風格的遞嬗現象存在於各層面，品牌設計同樣也受到整個社會環境與大眾對「美」共識與喜好的轉變，品牌Logo的設計風格與表現樣式也必須隨之改變，以符合當時代的流行趨勢，讓當代的消費者感覺該品牌是「屬於我這一代的產品」，不是祖父母輩的古董。

以下的知名品牌，都曾經更改Logo設計：AC Delco、Acer、AJINOMOTO、AURORA、BANDAI、Barbie、Bridgestone、Burger King、CITIBANK、Coca Cola、COMPAQ、ESTÉE LAUDER、EXXON、FedEx、FIAT、FUJITSU、GIORDANO、glico、HCG、HITACHI、IBM、INAX、ISETAN、ISUZU、KENWOOD、KIRIN、Levi’s、LION、Lipton、LOTTE、

Maybelline、Mead Johnson、MEIJI、Microsoft、Mobil、MUJI、NEC、OSIM、PANTONE、PHILIPS、Pioneer、Pizza Hut、RICOH、SAMPO、SAMSUNG、SANYO、SHARP、SHISEIDO、SONY、SYM、TECO、TOSHIBA、TOTO、UPS、Watson's、Wyeth，以上的品牌Logo改變，絕大多數都是越改越適合現代的美感。

這是一個品牌設計時代感的問題，光是芭比娃娃的商標設計也換了三輪，就連品牌也要讓當時代的消費者感覺到，這個品牌所生產的產品是合乎當代潮流的，你要設計到「這是屬於我這一世代」品牌產品的終極感覺。

時尚的品牌更是如此，雖然不能經常更換，但是至少每一個世代要做適合當時代大眾美感共識的調整，整個隨伴而至的展示陳列設計、產品款式設計等都要隨之調整；所以，一開始要創造自己的時尚品牌，一起步就要做到這個要求，你的品牌要能夠和其他競爭品牌擺放在一起，或是在同一個區域開店，感覺都很匹配與現代。

整個社會環境是在一的大系統底下，不僅環環相扣，而且互相激盪影響，文學如此，藝術和時尚皆然，盧縉梅（2007）[8]整理設計風格與時尚流行趨勢的關係如下表：

---

[8] 盧縉梅（2007）。時尚品牌行銷模式之研究。國立臺灣師範大學設計研究所在職進修碩士班碩士論文，頁27。

年代	設計風格	時尚流行趨勢
1900	美術工藝 （1851-1914）	1891年騎腳踏車狂熱，婦女接受褲裝形式，女裝男性化潮流開始。
1910	新藝術 （1880-1910）	好萊塢在洛杉磯紮根，緊身型S曲線馬甲大流行。服裝興起美學理念，時裝與藝術結合，流行與藝術界限模糊，藝術家幫服裝雜誌畫服裝畫，漸形成裝飾藝術風格。 機能主義，未來科技影響服裝出現色彩鮮豔與幾何圖案。
1920	德國工業設計聯盟 （1907-1935） 抽象主義 （1920） 達達主義 （1915-1922） 超現實主義 （1924） 荷蘭風格派 （1917-1928） 機械美學 （1917-1931） 德國包浩斯 （1919-1933）	現代高級定製服始祖渥師（Charles Worth）推動下，服裝是奢侈品。 機能主義為導向，出現大量的休閒運動裝，符合人體機能活動量。 前衛藝術為指標Elsa Schiaparelli強調視覺效果的設計師，運用透明玻璃紙、塑膠等特殊材質之運用，脫離人體建構，進入超現實主義。 1926年倫敦成立「英國模特兒之家」。 1930年經濟大蕭條，英國威爾斯王子（Prince of Wales）為流行的主導。 1938年美國杜邦公司發明合成纖維Nylon（尼龍）為紡織品一大突破。 1939-1945年第二次世界大戰，軍裝成為流行時尚。
1930	俄國構成主義 （1917-1935） 流線型設計 （1930-1950）	「抽象表現主義」風潮、塑膠材質成為靈感來源，表演藝術全球化，藝術家自行將設計融入藝術創作的風潮。
1940	有機設計 （1930-1960）	

年代	設計風格	時尚事件
	普普藝術 （1954-1972） 波普藝術 （1965）	1951年商人Marchese Giovan Battista Giorgini在佛羅倫斯別墅中舉辦第一次成衣動態時裝展。 「藝術取向的服裝設計師」設計師主導時尚。
1950	瑞士國際主義風格 （1940-1968）	反傳統意識的搖滾文化：披頭四、貓王、滾石、迷你裙。
1960	義大利激進設計 （1968-1980）	1966年歐美學生反戰運動（越戰），亞洲中國文化大革命。
1970	後現代設計 （1972-1985）	1969年美國阿波羅11號登陸月球，太空時代來臨。 普普、歐普圖案取代超現實主義而大行其道。 自由解放街頭嬉皮風（Hippie）。幾何造型與強烈對比色「太空裝」。
1980	解構主義 （1985）	同性戀次文化在紐約興起，Punk風格侵略視覺，趨向個性化風格。
1990	新現代設計 （1985） 減少主義 （1995） 數位設計～	時尚物質主義充斥崇拜品牌化、商標化、成為全球性流通的企業。 裝置藝術、觀念藝術，將衣服夠成分解破壞、不對稱人體之設計。 DC（Designer's & Character）之全盛時期，品牌也紛紛增設副牌。 極簡風格盛行，「裸妝」誕生強調時尚品牌為流行時尚偶像。
2000		中國開放崛起，全球吹起一片東方亞洲熱。 後現代化、拜物文化、消費文化、全球化、環保關懷個人主義氾濫。 2008北京奧運持續東方熱：全球暖化、糧食短缺、環保意識普及化。
2010		

綜觀以上的時尚流行趨勢，就可以更加理解時尚產業的特性；誠如美學家丹納（Hippolyte Taine）在其名著《藝術哲學》曾定下一個規則：「要了解一件藝術品、一個藝術家、一群藝術家，必須正確的設想他們所屬的時代精神和風俗概況。」[9]正可說明風格的轉變隨著社會政經人文的變遷而有轉移，每一個時代都擁有自己的表現特色，你可稱為時代造型、時代款式、甚至時代色彩。

了解時尚的特性就是流動，你的觀念也要「與時俱進」了。

要多注意你目標消費者一看到你設計的品牌，你想塑造的品牌魅力他們可以感受到哪些？他們為什麼會喜歡你設計的服飾配件款式，是什麼因素讓他們願意追隨你的設計？購買理由是什麼？你想要塑造哪種風格，這可以吸引哪些「情投意合」的消費者？

設計一個時尚品牌和創造一件藝術品，有時候是一樣的。

時代感，時代美感的更迭，這個無形的因素請不要小覷。

三、快速時尚：整合供應鏈與群聚創新的挑戰

一個標榜快速時尚的產業，即使推出產品的速度快到無法想起上個月流行的款式，但是整個產品供應鏈是很長的，而且是集合科技、設計、品牌及通路所共同完成的巨大產業體。其間各段供應鏈的廠商各自為每一個環節技術而努力，下表即是台灣紡織產業上、中、下游的供應鏈[10]圖表：

---

[9] 丹納著，傅雷譯（2004）。《藝術哲學》。台中市：好讀，頁19。譯自Philosophie de l'art.

[10] 徐志宏、賴建榮、鄒伯衡（2014）。臺灣流行時尚產業供應鏈及物流發

上游	紡織業	纖維業	天然纖維（棉、毛、絲、麻）
			人造纖維（聚酯、尼龍、縲縈、壓克力等及其加工絲、玻璃纖維）
		紡紗業	棉紗、毛紗、人纖紗、各類混紡紗、各類加工絲
中游		織布業	梭織布、針織布、不織布、特種部
		染整業	印花布、染色布、特種布（磨毛、刷毛、搖粒、植絨、壓花、塗層、貼合）
下游		紡織製成品製造業	產業用：工業用、交通用、醫療用、地工用、包裝用、防護用、環保用
			家飾用：寢飾、家具用覆材（桌巾、沙發用布等）遮飾（窗簾、地毯）毛巾
	成衣及服飾品製造業	成衣服飾品： ・成衣（針織成衣、梭織成衣、毛衣等） ・服飾品（襪子、帽子、領帶、圍巾等）	

整個供應鏈的速度一定是下游廠商最快，他們面對消費者的品味轉移的壓力也是最大，但是如果上游廠商的新產品開發速度加快，則下游的成衣製造及品牌廠商推出速度將會加快許多，這條供應鏈雖然很長，但是也有少數廠商推出產品的速度很快，其主要的因素大多是「一條龍」的生產設計。

有些廠商自購入紗線之後，即自行設廠織布、染整、貼合，以供應品牌廠商指定的成衣廠製造下一季的新款服飾，甚至有些廠商在染整階段全部自動化，以確保染整品質的穩定性，在2008年全球金融海嘯之際，還是有紡織廠商購入新型織布機，並且在廠內加以改裝結構，以織出特殊質感的布料，這都是紡織業者必須要做的生存之道。

展現況。《現代物流・物流技術與戰略》，2014年8月，第70期，頁20-30。

從時尚產業的工作機會[11]，也可以一窺時尚的體系建構：

創意工作機會	女裝設計師、男裝設計師、量身訂做裁縫師、企業制服設計師、童裝設計師、運動服設計師、泳裝設計師、內衣設計師、新娘禮服設計師、梭織布料設計師、針織服設計師、織品印花設計師、戲劇服裝設計師、戲劇服裝助理、配飾設計師、鞋樣設計師、帽子／女帽頭飾設計師、流行預測、顏色調配員、時裝插畫家
技術工作機會	生產經理、打版師、版型放縮員、裁床／裁刀師傅、樣衣車縫師、車縫人員、布料技術專員、成衣技術專員、服裝／織品維護專家以及修復專員
經營與管理工作機會	採購人員、採購行政助理、商品企劃開發人員、採購配置人員、商品視覺行銷人員、零售經理、零售助理、獨立零售商、私人購物員、流行與紡織職業仲介／顧問
媒體工作機會	時裝編輯、時裝記者、專欄作家、時裝行銷經理、公關人員、活動策畫／商展組織人員、時裝秀製作人、時裝造型師、化妝藝術師、時裝攝影師、模特兒、模特兒經紀公司、模特兒經紀人、模特兒星探
其他職業選項	大學講師、研究助理、時裝織品技師、藝術與設計／織品教師、藝術治療師、社區藝術家、駐地藝術家、文物典藏員、圖片研究員

時尚產業和任何行業都一樣，都是由各個專業人士所共同組成的一個互動支援的運作體系，這是從專業的角度來看的，是從實際的作業中去了解整個體系的細部去規劃，但是正由於時尚體系太大，需求的專業人才太多，而上中下游業者又各有專業，這也代表著各自保有專業秘密，因此就形成了一小段一小段的斷層現象，以紡織業為例，少有人了解整個體系的專業，大多數人都是本

[11] 張靜怡譯（2011）。《時尚力：50種流行身份深入剖析×33位頂尖時尚人現身說法×120種求職創業必勝工具》（原作者：Carol Brown）。台北市：積木文化出版。（原著出版年：2010）

著自身的專業領域努力工作，「見樹不見林」的情況經常出現。

如果大多數的紡織專家都致力於自身技術的提升，並沒有很頻繁的橫向溝通的機會，設計師不懂得材料物性，如何設計出他們想要的服飾美感？

張庭庭（2012）[12]提出的問題很中肯：「雖然紡織業因敵不過成本壓力，多數廠家早已外移，但從整體產業鏈來看，上自線紗、布料及各類元件如拉鏈、鈕釦的生產製造，到設計、打版、裁縫、刺繡、貼鑽、造型設計、通路零售、廣告行銷......，每一個環節所需的功夫或技術，臺灣都有頂尖人才，而臺北更是流行資訊大櫥窗，為什麼難以培養出引領潮流的時尚品牌？」

上述的供應鏈的圖表只是生產流程的總覽，整個時尚是一個龐大整合而相互支援行動、操作活動的組織、群體、體制的體系，就好像是川村由仁夜所描述「讓社會催生出設計師的過程[13]」，當然這個體系不全然是設計師佔重要的位置，其他諸如品牌經理、專業媒體記者、公關活動人員等，每個人都在這個大的體系，甚至可以說是時尚供應鏈當中克盡應有的任務，希望從一個單純的服飾製造者，透過體系及眾人協力操作，使之成為具有顯示地位、展現品味、表現自我主張、甚至是一個社群的接納與否的指標等。

本文再從工業技術研究院產業經濟與趨勢研究中心於2009年10月26日向經濟部產業發展諮詢委員會提報的「流行時尚產業推

---

[12] 張庭庭（2012）。《打造人文意涵伸展臺—時尚品牌建構新思維》。臺北產經。11。臺北市：臺北市政府產業發展局，頁23-28。

[13] 陳逸如譯（2009）。《時尚學》（原作者：川村由仁夜Yuniya Kawamura）。新北市：立緒文化。頁97。（原著出版年：2005）。

動計畫規劃草案」中，對於流行時尚產業各關鍵要素展開策略做法做一系統性的關係圖如下：

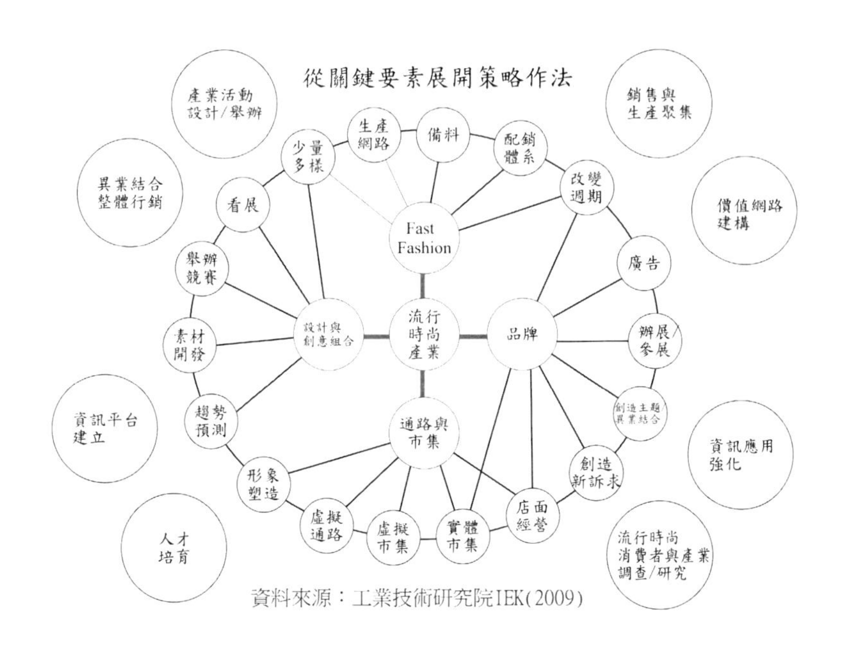

資料來源：工業技術研究院IEK(2009)

展開所有的時尚產業的要素及做法，的確可以對於產業的運作有一個通盤的理解，從這個系統上的強化其中一個要素，再微調其他配合的要素，就可以創造時尚產業的行銷奇蹟。

誠如黃偉基（2012）[14]所言：「臺灣先進的紡織技術全球聞名，從上中游優異的機能性紗線布料，到下游成熟的成衣製造技術，屢屢獲得國際品牌肯定。而近年來，臺北市的時尚地圖也有

---

[14] 黃偉基（2012）。《從時尚文創聚落看臺灣服飾設計產業未來發展》。臺北產經。11。臺北市：臺北市政府產業發展局，頁10-16。

大幅的進展，從城市大道上林立的精品百貨，到巷弄內的特色品牌群聚，從年度國際級時尚盛事Taipei IN Style臺北魅力國際時裝展，到大型創作交流園區如華山藝文中心、松山文化創意園區的常態性設置，愈來愈多臺灣本土設計師匯聚於此，而如何協助這些各具風格的設計師或設計店家建立品牌，甚至走向國際，將是我們下一步的目標。」

以系統結構的立場來看，恰如黃偉基（2012）所提出的「時尚文創產業發展鏈」下圖所示，上中下游業者相互做垂直和水平（跨領域合作）的支援的同時，也需要相關專業人才、資金與法規的配合，唯有整合各個「中小型多元資源」才能與已然成型的國際品牌大廠相抗衡，群聚成型代表人潮，也可以有足夠的談判資源和國際大廠合作，這是個機會，也是個挑戰。

以時尚產業的經營型態而言，台灣和大陸地區的情況大多數相同，時尚產業的每個關鍵鏈大多是中小企業，大企業的經營項目大多數是上游產業，而且其營業項目涵蓋了OEM（Original Equipment Manufacturing委託代工）ODM（Own Designing & Manufacturing設計加工）OBM（Own Branding & Manufacturing自有品牌）通路、代理等角色，但是創造出國際知名時尚品牌的數量並不多。

列舉了以上四種系統結構，各自從不同的角度描述時尚產業的供應鏈及其互動關係，為什麼台灣和大陸地區少有國際性知名品牌引領潮流？其實答案很清楚，我們的廠商，在臺灣和大陸地區將大部份的注意力集中在材料技術上，但是時尚產業是重視風格、生活態度、創意美感，它也可以說是文化的展現，或是心靈的映照，也可以延伸至是人文素養與觀照等，其間也摻有文化

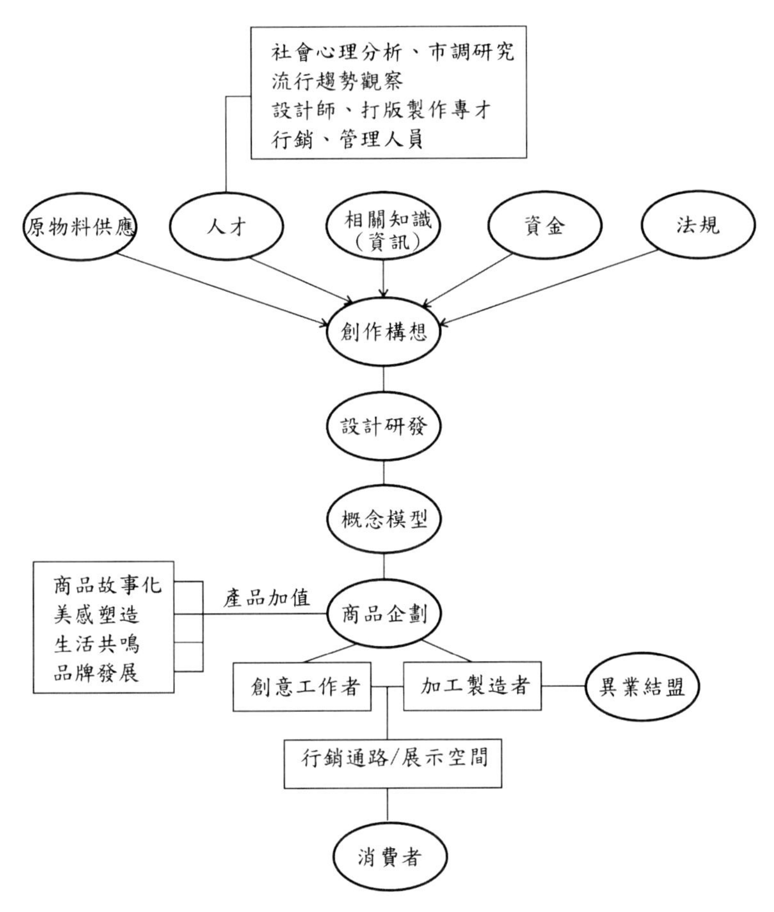

圖：時尚文創產業發展鏈　資料來源：黃偉基(2012)

霸權與流行詮釋權力的大時代無奈的成份，以上那麼多的形容詞很少受到大多數各階段紡織廠商的關注，大家的心力多在於防水透濕膜的品質改善，更能夠快乾的技術，或是消臭能力更好的布料，一「跳躍」至時尚品牌的塑造，設計師要抓住國際消費趨勢與潮流的當口，牽涉到從小薰陶的創意美感人文生活等「形而上」的問題時，顯得有一些些的無力感。

ZARA的多款少量，快速反應市場，每一款商品超過一個月就下架，使得消費者平均回購率每年為17次，創造「快速時尚」風潮，這當然需要資訊系統的高度集權與全球化POS的配合，以及從打樣、布料、成衣及物流極強的垂直整合。而被美國Inc雜誌評為「美國最具創新性小公司」Threadless則因Web2.0技術逐漸成熟而廣泛使用，竟然擁有100多萬名T恤設計師，而且是分布於全世界各地，Threadless只聚焦於T恤製作，只要圖型樣式確定就能快速生產，再利用線上購物平台以及臉書社群與粉絲會員的獎勵機制，在網路上創造成功銷售的奇蹟，這就是網路效應，也是現代社會網路互動行銷的優勢。UNIQLO雖然是海外委託生產，但是其品管團隊充分支援，加上其「日本統籌、海外生產、嚴格把關產品品質」使得成本降低，創造了「平價奢華」的時尚風潮，讓一般消費者滿足對於流行時尚的追求，而且是在他們可以負擔的，也可以展現品味，或是享受和穿戴名牌一般的尊榮感。

從生產廠商提供原材料給國外品牌廠商的思維模式，要「跳躍」至建立品牌及差異化形象的行銷思維，的確很不容易，但是現在的國際媒體竄流速度之快，「快速時尚」、「平價奢華」的時尚消費觀念已然成型，直接壓迫廣大的中小型時尚產業廠商，現在必須思考群聚整合和品牌行銷的有效策略了。

競價，在任何一個年代，絕對不是最重要的生存手段，從淘寶網廣大的供應商為了提供更低廉誘人的價格，使得自己不斷地在毫無利潤之下流血輸出的情況即可知，永遠有人的價格比你更低。

快速，也不是每一家中小型企業可以做到的事情，這必須要有一個效率超高的設計、生產、物流團隊才可以竟其功，有一些市場行銷的成功模式很難複製，因為需要很多因素的完美配合才行。

現在是一個必須要群聚創新的年代，結合上中下游的時尚產業，加上品牌塑造、差異化個性行銷、以及善用網路社群行銷，就從最接近消費者的價值與活動開始，引發消費者對於品牌塑造的個性形象與時尚款式感興趣，這是目前台灣和大陸地區時尚相關廠商必須要思考的問題。

台北市位居台灣地區的首善之都，也是台灣地區的時尚之都，在台北市逐漸成形而有「臺北曼哈頓」之稱的信義商圈；號稱「臺北新蘇活」的中山北路二段巷弄中的名牌精品店及新銳設計師的品味概念店；在艋舺和西門町一帶的青少年流行次文化的時尚聖地；帶一些濃濃文教氣息的大安商圈，位於師範大學、淡江及政大等大學城區分校，鄰近臺灣大學，已經形成了人文時尚小商圈；在天母商圈已經形成了多元異國的風貌等，這些都是由眾多文化、時尚、紡織、甚至餐飲業所齊力塑造而成的美感創意環境。

現在真的是要關注與學習如何塑造時尚「品牌」的時候了，無論是臺灣或大陸地區，品牌的建立不能只是模仿他人的成功案例，而是要自行研發，發揮中華民族歷代以來就有的創造力，更利用現代社會的群聚和網路效應，創造出特色獨具的時尚品牌、設計、群聚、甚至是一個大城市。希望，就像張庭庭（2012）在其文章最後所言：「日久之後，城市有了鮮明色彩與個性，該專屬關鍵字成為臺北的同義字，於是臺北便化身為某種文化風格的形容詞。世人會說：『這個設計很臺北』，如同我們說，那人裝扮走巴黎路線、這雙鞋很紐約。」

要學習ZARA快速生產的模式很難複製，還是有很多的行銷模式我們可以創造，畢竟行銷是活的，沒有一個行銷模式可以活過兩千年，因為時代一直在變，科技和生活型態一直在更迭與創新。

我們要思考的是：如何運用我們自己已經擁有的優勢，再做進一步的創新。

這句話看起來很簡單，實際上很難，因為大多數的人對於自己的優勢多覺得理所當然，不會珍惜，卻一直羨慕別人的成功。

每一個人、每一個地方都有屬於自己的獨特的特色，「文化多樣性」可資證明，每一個工廠應該有自己獨特的技術優勢，就是個人工作室也應該有自己的技術或設計獨創之處，如果以供應鏈的宏觀立場來看，光是整合這些個別獨特的優勢，就可以匯聚一股強大的「時尚軟能量」；再輔以現今的網路環境，一家小企業也可以透過網際網路的推播，讓全世界看到，只要你的產品有特色，一家小工廠也可以讓大企業看到。

所以凡事求諸自己，先把自己的品牌規劃、產品設計、功能與廣告訴求弄好，弄到足可吸引你的目標消費者，你再利用網路行銷，才可能有成功的機會。

要達到這樣的境地，品牌塑造的思維也要系統化，同時每一個關鍵要素都有處理的有效重點！

打造成功的時尚品牌！

／原來

一、換顆系統思維的腦袋

擁有系統思維才能夠有效而完善地解決行銷的問題，曾經有一位中型公司的董事長告訴我，就是當一位可以決定任何事情的董事長，也有很多事情不能肆意而為，例如要調動或升遷一位公關人員，要考慮到同儕的反應，由其是資深人員可能會消極地抗議資淺人員的晉升，以及該職位由哪位合適的人擔任，整個公司的人事要在穩定中求成長，光是人事的安排就需要系統思維，更遑論其他的事務了。

很多事情如果以系統方式建構，經常可以獲得很完整的概念，甚至獲得通盤的理解，以下即舉出三個知名的系統架構，Michael Porter的鑽石體系，以及Robert S. Kaplan和David P. Norton的平衡計分卡和策略地圖，對於下一節要討論的時尚品牌與行銷之系統架構，應該可以有更深一層的體認。

❖（一）鑽石體系

Porter（1990）[1]以「地理空間」（geographical space）的角度出發，將群聚（cluster）視為相關廠商以地理鄰近為基本要件之下所呈現的垂直、水平現象，形成了廠商之間的競合關係；他更結合商業組織、策略和區位等理論，提出國家優勢的鑽石體系，說明一個國家的成功絕對不會是來自某一產業的成功，而是透過許多因素縱橫交錯的產業群聚，他不僅藉以分析產業的競爭優勢，並同時開啟了競爭優勢與產業群聚研究的契機。同時，Porter（1998）對於產業群聚也提出最具代表性的定義「在特定的空間中，廠商之間除了競爭之外，尚存在合作的關係，而這些廠商彼此之間在地理上鄰近，並具有相互關聯的服務、供應廠商及其他相關之機構。」[2]

以競爭優勢為前提的產業群聚理論，Porter的鑽石體系最主要的目的就在於比較和分析各國的產業競爭力，並找出有些國家在某些產業的表現特別突出的背後原因，是否國家在背後提供了一些特殊的條件支持該產業的成長，或是該產業背後特殊的地理環境、廠商群聚與消費者需求等因素，而造就了美國的軟體工業、義大利的流行服飾業、瑞士的鐘錶業雄踞世界的豐碩成果。

國家優勢的鑽石體系，有四個影響產業競爭力的主要因素：

---

1 Porter, Michael E.（1990）. The Competitive Advantage of Nations. New York: The Free Press.

2 Porter, Michael E.（1998）. Competitive Strategy. New York: The Free Press.另外在Porter, Michael E.（1979）. On Competition. Harvard Business School Press.也提及。中譯本為麥可・波特（2001）。《競爭論》。高登第、李明軒譯。台北市：天下遠見。236。

生產因素、需求條件、相關與支援產業，和企業策略、企業結構與同業競爭，以及兩個輔助因素：機會和政府，這些因素系統性地組合成鑽石結構的體系，這些特質分別是：

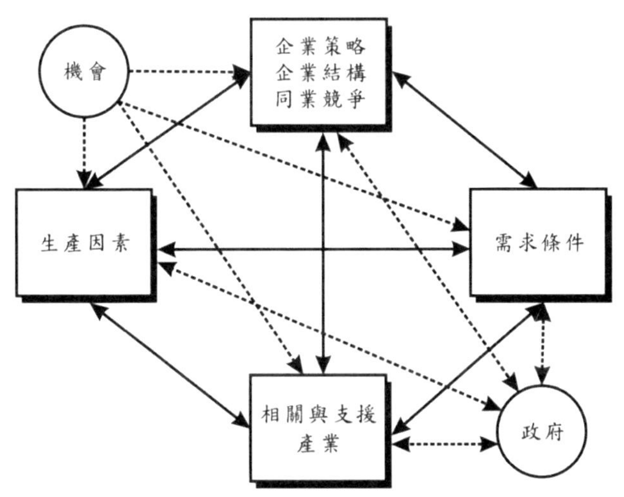

圖1　Michael Porter鑽石體系結構圖，
資料來源：Porter（1990），P.127

1. 生產因素（Factor Conditions）：該國生產因素的表現，分為人力資源、天然資源、知識資源、資本資源、和基礎建設等，這些是產業必備的競爭要素。
2. 需求條件（Demand Conditions）：當地內需市場對產品或服務的需求程度，可刺激企業改進和創新。
3. 相關與支援產業（Related and Supporting Industries）：該國是否具備這項產業的上下游相關產業的競爭優勢，這些產業是否具有國際競爭力。

4. 企業策略、企業結構與同業競爭（Firm Strategy, Structures and Rivalry）：該國的企業是如何創建、組織與管理的相關條件，以及該國的國內競爭型態。
5. 機會（The Role of Chance）：機會可以打破原本的均衡狀態，提供新的競爭空間；例如國際油價居高不下，抑制了私人汽車的使用，卻提供了大眾交通工具獲利的空間。
6. 政府（The Role of Government）：政府的影響既非正面也非負面，但也有微妙的影響力，一些政策的推行，經常會推升或阻礙某產業的發展，如臺灣金融業因為政府政策上的限制，使得無法吃到大陸金融市場的大餅，導致績效不佳，競爭力衰退。

鑽石體系清楚標示出企業運作的因素，因為這可說明與比較各國的競爭優勢之成因與運作模式。整個體系因為競爭因素會促使自我強化，因而形塑出一個具競爭力的產業之群聚環境，有時地理集中性更會提高這四大力量的互動，例如：加州大學戴維斯分校與當地釀酒業緊密合作，使它成為全球釀酒研究的頂尖機構；上百家義大利廠商群聚綿密的競爭，因而加快了新產品的發展速度，而義大利消費者也參與互動，隨時留意更快更好的新產品，整個產業與消費環境之競爭性系統架構自然成型。

❖（二）平衡計分卡和策略地圖

自1990年Robert S. Kaplan和David P. Norton合作發展出平衡計分卡（BSC，Balanced Scorecard）以來，「根據Gartner Group的調查顯示，在西元2000年財星雜誌排名前1000大的公司

至少有40%以上已經實施平衡計分卡」[3]，1997年哈佛企管評論（Harvard Business Review）更將平衡計分卡評為75年來最具影響力的管理思維。

在進入微利時代，企業經營者面對激烈的競爭，如果不能善用管理工具，競爭力將會大打折扣，而平衡計分卡正是一個值得考量導入的管理工具，求得更好的管理和評量系統，以提升效率，創造更大的利潤。此工具可以將公司之策略，透過以下四大構面來檢視公司：

1. 財務構面（financial performance）：股東對組織的期望；
2. 顧客構面（customer knowledge）：目標顧客對組織的期望；
3. 內部流程構面（internal business processes）：為了滿足目標顧客對組織的期望應有的傑出表現；
4. 學習與成長構面（learning & growth）：用以支持上述三大構面所需具備的能力與技術。

每一構面皆包括了策略目標、行動計劃及衡量指標等三大部分，同時以系統的方式把組織的願景和策略，轉化成一套全方位的績效量尺，分別從四個構面去做策略衡量與管理體系的標竿，再以「平衡」的觀點去檢討組織內外部的績效，讓企業在追求業績之時，也能蓄積未來成長所需的實力，同時累積無形資產，並且隨時透過自我的監督發掘問題，及早因應。

所謂「平衡」，是從三個角度來觀察：1.外部及內部間的平衡，外部強調財務構面及顧客構面；而內部則強調內部流程構面

---

[3] Pineno, Charles J.（2008）. Should Activity-based Costing or the Balanced Scorecard Drive the University Strategy for Continuous Improvement? Proceedings of ASBBS. 15（1）, 1368.

及學習與成長構面；2.財務及非財務構面衡量之平衡；3.領先指標及落後指標之平衡等。

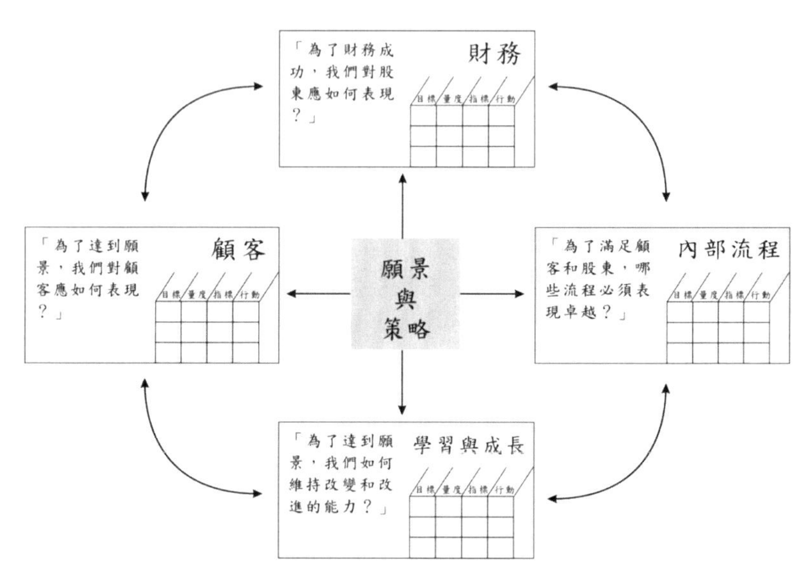

圖2　平衡計分卡轉化策略為營運的架構，
資料來源：Kaplan & Norton（1992）[4]

由上圖可瞭解平衡計分卡也是一個很好的溝通工具，它協助企業內部快速形成共識，協助組織釐清並詮釋願景和策略，促使全體成員所執行之各項活動彼此協調趨於一致，將所有資源有效聚焦於策略上，以發揮企業的整體力量。

[4] Kaplan, R. S. & Norton, D. P.（1992）. The Balanced Scorecard: Translating Strategy into Action. Boston: Harvard Business School Press.《平衡計分卡：資訊時代的策略管理工具》（1999）。朱道凱譯。台北：臉譜文化出版，36。

然而，正因為許多企業只把平衡計分卡當作績效評估的工具，直接設定各部門的關鍵績效指標，卻忽略了部門與策略之間的連動性，結果各部門的目標雖然全部完成，可是公司整體的營運績效並沒有獲得相對的提升與改善。Robert S. Kaplan和David P. Norton之後提出的「策略地圖」（Strategy Maps）就是希望解決平衡計分卡與策略缺乏良好互動的現象，從而使平衡計分卡從一個績效評量工具發展成一個策略執行工具，讓公司策略化為具體的指標與行動，並且落實到組織中的每個人身上。

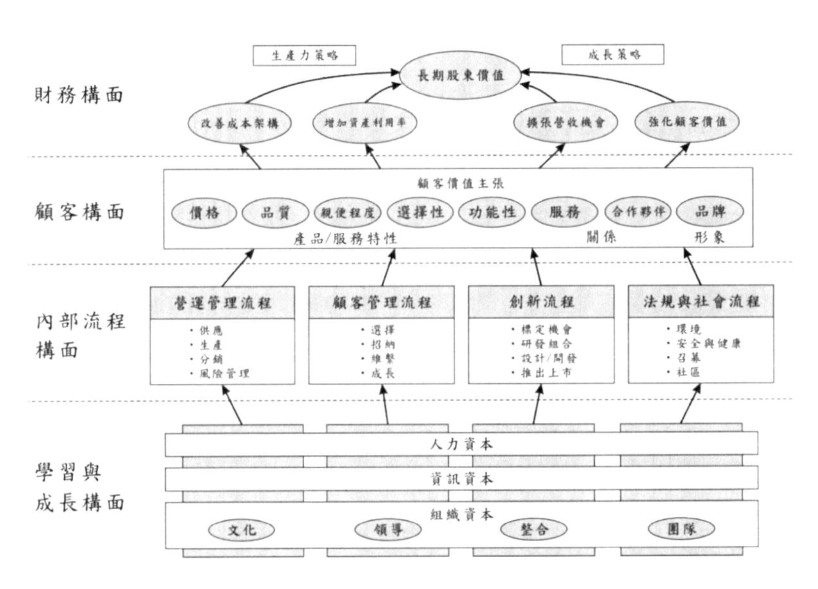

圖3　用來說明組織如何創造價值的策略地圖
資料來源：Kaplan & Norton（2004）

策略地圖提供了一種圖像的方式來看待四個構面，反映出目標的因果關係，透過策略地圖的繪製程序，能夠讓組織資源聚焦於策略，取得各部門協調一致的團隊行動，不是各別都有優異的表現，但是彼此的行動卻毫無綜效可言。此外，組織成員對於策略如果沒有共同的認識，行動就會失焦，導致多頭馬車，像誰是顧客？什麼是價值？組織內部可能就會有多種定義，大家對於字眼或許有共識，但是彼此間的定義卻不一樣，策略地圖引導下所產生的衡量指標是很好的溝通工具，可以避免不必要的模擬兩可。

策略地圖說明了策略的統合與連貫的模式，使衡量的項目和目標項目都可以納入管理，接續了策略形成與策略執行之間的連結關係。

從市場環境與企業營運層面來看，在在顯示出我們需要一個新的且更好的策略管理方法，而於各種變革驅動因素的交錯影響之下，組織更需要策略地圖來啟動策略執行力，以有效動員整個組織，並使領導團隊能確切配合建構一個新流程來管理策略的需求，期能取得最高管理階層的承諾，建立執行團隊，為變革建立起典範。

所以一個好的策略地圖要能告訴我們策略的故事（Tells the story of your strategy），並且清楚地闡述策略的因果關係，企業依據平衡計分卡的四個構面設定好目標之後，用箭頭將所有的目標加以連接，以顯示其間的因果關係。各項策略目標應該排定優先順序，有些目標可以考慮加權設計，以提高該目標所占的比重。沒有目標就沒有選擇，沒有目標走那一條路都一樣，因此好的目標描述方式將有助於將衡量指標、目標值及關鍵行動方案串連在一起，可以說明什麼必須達成；什麼對目標而言是關鍵的；如何衡量及追蹤策略的達成度；績效的水準或必須改進的程度；達成此項目標的關鍵行動計畫。

好的策略地圖要能創造出差異化的價值主張，以吸引並留住目標顧客。而成功的策略地圖要能成為員工每日活動的指引，讓他們以自己的公司為榮，發自於內心的接受公司的願景，並且內化為自己的價值觀和目標，絕不能讓員工像無頭蒼蠅一樣，不知道為何而戰，才能避免組織做無謂的資源浪費，而比策略更重要的是策略的執行。

二、寫份完美的品牌行銷企劃！

市面上提供很多品牌、經營方面的企劃書範本，大多是直線式結構，分條列舉以展現企劃的周密完整性，茲以一份經營企劃書範本為例[5]，其他企劃書的表現內容大致相似。

1.0企劃綱要、1.1目標、1.2任務、1.3成功的關鍵。

2.0公司簡介、2.1公司所有權、2.2開辦中的企業摘要、2.3公司地點與設備。

3.0產品、3.1產品描述、3.2競爭比較、3.3採購、3.4技術、3.5未來的產品。

4.0市場分析摘要、4.1市場區隔、4.2目標市場區隔策略、4.2.1市場需求、4.2.2市場趨勢、4.2.3市場的成長、4.3產業分析、4.3.1產業的參與者、4.3.2配銷模式、4.3.3競爭與購買模式、4.3.4主要的競爭對手。

5.0策略與執行摘要、5.1策略結構與目標、5.2價值訴求、5.3

---

[5] 劉孟華譯（2009）。《完全創業聖經：成功創業必知的關鍵訣竅、技巧與案例》（原作者：Steven D. Strauss）。台北市：臉譜：城邦文化出版：家庭傳媒城邦分公司。（原著出版年：2005）

競爭優勢、5.4行銷策略、5.4.1定位陳述、5.4.2訂價策略、5.4.3宣傳策略、5.4.4通路策略、5.4.5行銷計畫、5.5銷售策略、5.5.1銷售預測、5.5.2銷售計畫、5.6策略聯盟、5.7里程碑。

6.0管理摘要、6.1組織結構、6.2管理團隊、6.3管理團隊的職缺、6.4人事計畫。

7.0財務計畫、7.1重要假設、7.2重要財務指標、7.3損益平衡分析、7.4預測盈虧、7.5預測現金流量、7.6預測資產負債表、7.7財務指標、7.8退出策略。

一看到以上這麼詳盡的目錄，你的想法如何？這是一份經營企劃書的標準範本，每一個層面都有研究思考過，就是要做到這樣的程度才可以說服投資者，或是銀行貸款承辦人。

但是，也就是因為這樣的「直線式」思考結構，很容易讓人不知覺地被引導，以為經營的思考是有順序的，這也是我與部份業者討論時發現到的直式思維盲點，經常，他們會卡在一個環節而無法繼續進行下去。

最常見的情況是，由於直式思維很容易讓人無法「跳接」到其他的資源，其實有時候每一個資源是可以與其他資源相互分享連動的，有時候只要一串接到其他資源，問題就自然解決了。

由Tony Buzan的Mind Map和今泉浩晃的曼陀羅思考法都可以得知，我們大腦的結構本來就是網狀連繫的，所以思考和製作筆記的時候使用網路型態的方式適合大腦思考模式，更容易記住。

這時候就需要「網路模式思考」了，建構建構一個時尚品牌，或是任何一個產業的品牌，其思維模式就是系統性的，也是網路互相串接連動的。

為了讓你有一個通盤的理解，依我個人的產業服務經驗的體認，我建構了一個品牌行銷企劃案思考與架構圖（請見附錄），即是以系統的方式設計而成，其間有很多設計的理念必須溝通，這些思維與產業實際經營的做法是完全一致的。

首先，這個架構刻意設計成橫式形式，並不是一般行銷書籍經常使用的直式表格，也沒有編號順序，這是要提醒從事行銷的業者一些思考的盲點；思考是一個變動而跳躍的，做事的順序也不是依照既定的編號順序進行的。

如果將品牌規畫的編號順序為：1.市場環境、2.競爭情況、3.品牌、4.產品或服務、5.功能訴求、6.目標消費者、7.通路等（以下略），有時候在寫品牌行銷企劃書，寫到第三項品牌可能會卡住，或是寫到第五項功能訴求可能還想不出來，就一直停在該處無法繼續，或是在規劃產品的時候，品牌已經設定，產品或服務也設計完成，但是一想到功能訴求就卡住，因為想不出具有吸引力的功能，這個企畫案就延宕下來了。依我的經驗，其原因有時候就是停在企畫書編上順序號碼的某一個項目。

其實，在商場上實際做品牌及商品企劃的時候，是依自身的資源為出發點，再依自身的優勢往外擴展，逐步解決某些弱勢的項目；或是直接跳到其他項目做呼應，可能因此而想到解決方案，行銷是活的，思考更是。以下就是實際思考的預想情況舉例：

1. 當你一直擔任銀髮族旅行團的導遊，也經常出入養老院，可見你的優勢就是掌握了「目標消費者」了，接下來你會去思考適合銀髮族的產品或服務，以及根據他們的特殊需求設計「功能訴求（消費者利益）」，由於目標消費者是六十五歲以上的老人，所以「通路」就很清楚了，這時候你再檢視一下你設計的產品與目前「市場環境」及「競爭情況」如何？經過比較結果，你應該就會設想出「品牌」名稱及商標圖樣設計了，之後，再根據功能訴求設計「廣告與促銷」，甚至是目前競爭市場上還沒有見到的新招數。

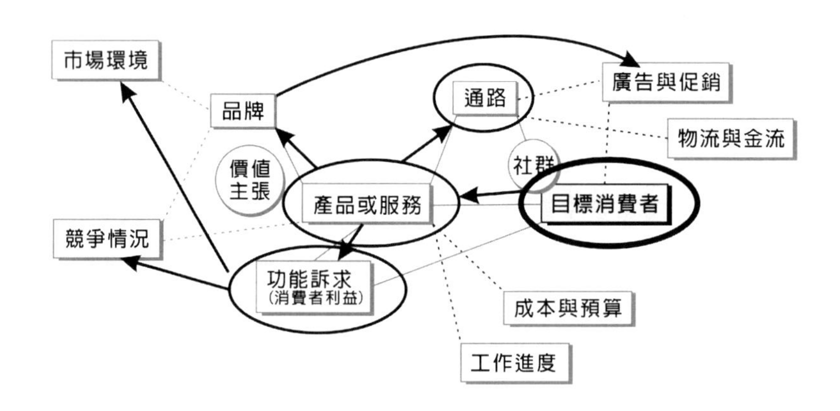

2. 當你已經想到一個很好聽、很好記的服飾「品牌」（中英文），而且已經申請或是拿到商標證書了。而你的「目標消費者」就是年輕的上班族，這時候你就要開始去搜尋目前在市場上有哪些競爭品牌，可是你會發現到這時候「價值主張」很重要，你要做什麼樣的服飾給年輕上班族穿著？是休閒服飾也可以當作正式提案和開會的服裝？還是正式的上班服裝卻帶有一點休閒的品味？或是其他的功能和特色？服飾的款式方向確定後，就可以去搜尋市場上類似款式的「競爭情況」，去分析主要三個競爭品牌的優

勢特點，以及訴求、價格、通路等各個項目，再據以制定屬於自己品牌且具有差異化的「價值主張」、「功能訴求（消費者利益」，以及最佳「通路」的選擇，甚至針對年輕上班族建立一個專屬於他們的「社群」或粉絲頁呢！

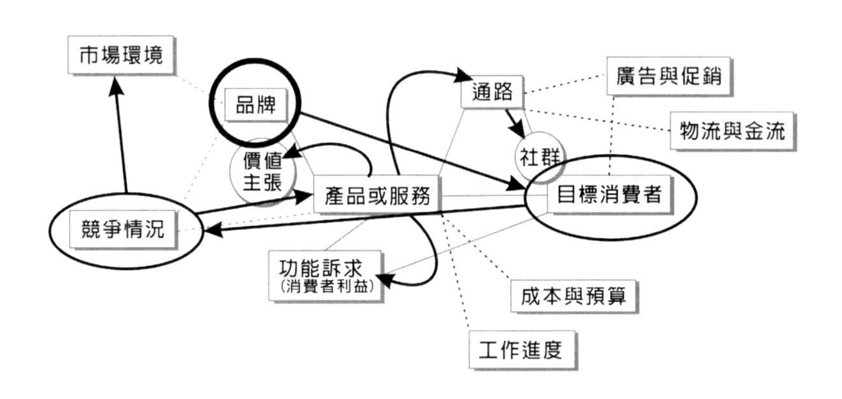

3. 當你已經拿到一個「產品」，從國外某咖啡產地特別給你代銷，這個咖啡的口感與特色你應該知道，這時候你就應該先從「競爭情況」開始搜尋，這種等級的咖啡有哪幾個品牌在販售，你想出的品牌名稱要先去智慧財產局的網站查詢是否可以登記商標？接下來就是「通路」的選擇，這時候你會開始思考你是要做咖啡豆的經銷商，銷售至各咖啡店，還是自己開店販售咖啡豆或烹煮咖啡給消費者？當你在之前搜尋「市場環境」和「競爭情況」之後，你的心裡面應該有一個方向了；通路的型態影響了「社群」的建立，而「物流與金流」也隨之改變，「成本與預算」就會在這時候進場開始盤算，整個行銷企劃就了然於心了。

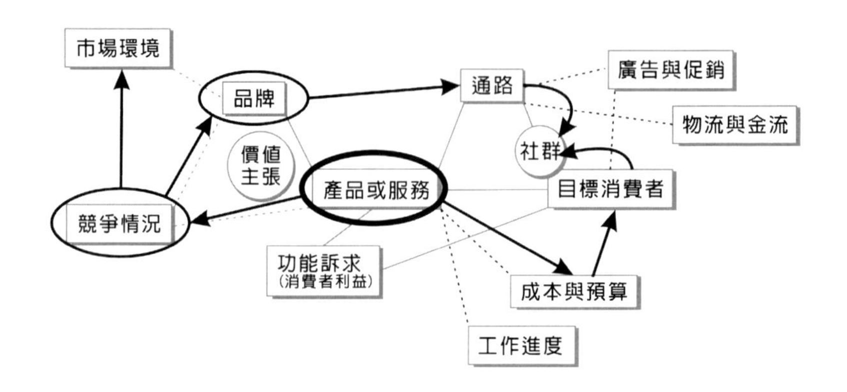

經過這樣舉例解說，你應該可以明白系統思維的重要性吧，任何事情都要先從自身的優勢開始思考，在逐步地解決其他項目，在這張架構圖的每一個項目都互相串接順利，看起來一切合情合理，你的行銷成功機率才會大增。

行銷就是這麼一回事，每一個項目多少都要懂一點。一個很殘酷的事實是，你一直忽略的地方，偏偏就是你以後會在那裡失敗之處，例如某連鎖企業對於品牌加盟的各項稽查工作做得很徹底，甚至連店老闆能夠賺多少錢都算得出來，但是就是對於油品使用沒有認真地執行，結果店老闆唯一能夠稍微增加利潤的地方就是少換油，終有一天，油品少換而使用劣質油將會爆發，因而毀掉長期經營的品牌形象。某人或某歌星對於財務經營完全不管，全數交由親人處理，最後親人因投資失敗而捲款潛逃，一生的積蓄就不見了，還要重頭開始存錢。一個人、一家公司、一個社區，如果長期忽略了某一個環節，或是長期「信任」那個環節絕對不會出錯，最後終究會敗在這一點上頭。

雖然很多人對於數學很頭痛，甚至到了恐懼的地步，可是財務報表你還是要看得懂啊；很多人對於法律存有一種很懼怕的心理，可是與人相處，公司經營都和法律密切相關啊！我們不需要精通，至少在品牌行銷方面，樣樣都碰，樣樣稀鬆也沒有關係，重點是你每一項都思考過，也都和其他項目比對過，全部的規劃如果看起來很合理，成功的機會不僅比較高，你經營的節奏也比較穩定，因為你已經「胸有成竹」了。

接下來就依據每一個項目做詳細的解說，所提出的問題幾乎都很重要，在解說的時候同時也會引導你對應某一項目，以慢慢地引導你做系統性的思考。

任何一件事情都有外在無法控制的環境，以及內在可以處理的事項，SWOT分析也是這樣，Strengths優勢、Weaknesses弱勢、Opportunities機會、Threats威脅，這四個項目中，優勢和弱勢是內部評估，是你自己可以排定處理的優先順序而逐步改善的；而機會和威脅是外部評估，這是你無法去控制，只能在外在環境中尋找並迴避之。

品牌行銷的思考也是一樣，外部環境的影響因素計有：市場環境、競爭情況、目標消費者、通路等三個項目，這是你身處的環境，無法去改變的。

而內部條件的項目則是：品牌、價值主張、產品或服務、功能訴求（消費者利益）社群、廣告與促銷等，這是你可以掌握與處理的項目。

至於支援條件則是：物流與金流、成本與預算、工作進度等，這些是支援你達成行銷目標的重要幕後功臣。

❖（一）從市場、通路與消費族群著手

1.市場環境

（1）請說明目前的市場消費情況與趨勢。

（2）請提出您認為為什麼您的產品或服務可以推出的理由，問題點與機會點。

回答以上的問題最好在九十個字之內，因為一秒鐘講三個字，三十秒的簡報只能講九十個字，而你必須要在談話的前三十秒引發客戶或老闆的興趣，讓他們覺得這是一個好機會。

市場環境的舉例範圍不要太大，一般人經常犯的毛病是拿全國總人數來比較，表示這個市場超大的，這只是虛張聲勢而已，與實際經營的情況完全不相關。

最好要有實際的研究報告或趨勢圖表，幾個數字的必較，和一張圖表的說服力遠比十頁的文字描述來得有力許多。

市場，就是自己要走出去看，去看賣東西的銷售人員聊天，提一堆簡單的產品問題問他，甚至提出嚴苛的問題也無所謂，你是消費者啊，他想賺你的錢，會盡量回答你的問題的，除非他的教育訓練不足，回答得沒有重點則另當別論。

拿個手機或數位相機拍照，產品的廣告、展示陳列、功能說明等，以及消費者的反應，這些珍貴的資訊全部都是從實際的市場走動中觀察獲得的。

多和相關業者聊天，多和朋友討論這個市場情況，這樣累積的市場資訊最快，你想要在這個領域生存，就要清楚知道這個領域的山頭和惡霸，以及其間的潛規則。

2.競爭情況

（1）請列出三個主要競爭品牌產品或服務，並詳述他們優勢特點。

（2）請製表比較競爭者和您產品或服務的各項差異。如品牌、產品或服務內容、功能與主要訴求、價格、通路、目標消費者、促銷手法等。

尋找市場上三大品牌的方法，可以到鬧區人潮最多的地方，當地店面租金超高，每個月沒有一定的銷售金額是很難在黃金地段生存的，觀看連鎖商店的產品陳列也可以看出三大品牌的產品，暢銷商品一直是店長的最愛，其他從網路口碑、朋友簡單市調、廣告量等資訊也可以判定該產品類別的三大品牌。

製作至少四個品牌（三大品牌加上你的品牌）的比較表是絕對必要的，這不是為了說服客戶或老闆而已，這也是檢視你是否真的進入了這個市場，真的要尋求出和這三大品牌具有差異化特色的決心與行動，也藉此可釐清你的思緒，確實做好必勝的行銷企劃。

從上游材料廠商，零配件製造工廠，以及廣告商都可以知道這個行業主要的競爭品牌及其產品銷售的情況，你一定要知道對方的優點及缺點，你才有從其「大山群中」缺點的「縫隙」中竄出生存的機會。

3.目標消費者

（1）請清楚描述目標消費者。

（2）他們為什麼要購買您的產品或服務？

（3）他們想要滿足哪幾個利益？

一般人最常犯的錯誤就是講得不清不楚，行銷方向當然就很模糊了。你要賣給誰？請詳細的描述出來，講得就好像是一個活生生的人似的，甚至你也可以舉例，就是你的鄰居或親戚某某人一樣。

因為一個清楚的目標消費者，就可以延伸出清楚的個性、習慣、家庭成員、經常出入的場所、生活上實際的需求，這對於制定有效的行銷企劃非常重要。

你就可以確實地檢視你設計的「產品或服務」，是否合乎目標消費者實際的需求？他們可以獲得或滿足哪些利益？

如果你要做機能性提神飲料，你設定的目標消費者是卡車司機，你就很清楚卡車司機最常去哪裡買提神飲料，或是他們經常出現的場合有哪幾處？你的廣告預算就集中在那些地方啊！

這時你可以對應到「功能訴求（消費者利益）」那多達四十一個利益，你的產品對應目標消費者，一定有幾個利益合乎你的規畫，如果都沒有一個利益，那麼這應該不是一個生意。

將你挑選的那幾個利益，去核對競爭品牌的訴求，找出差異化的利益，分析與強化產品或服務設計，去強化與宣傳，讓消費者更喜歡你的產品或服務。

4.通路

（1）目標消費者經常接觸哪幾個通路？

（2）哪個通路最合乎成本效益？

在目標消費者經常出入的地方「大聲喧嘩」，你的品牌和產品在那些通路都可以讓目標消費者看得到，每個通路都有其銷售和物流的成本支出，這時候你就要對應「目標消費者」經常出入的場所，列舉多個通路的可能性，去做上架曝光的成本分析，以挑選出最佳的通路規劃。

找到對的通路，不僅有效，成本也可以降低。

就是在網路上也是一樣，你的目標消費者如果是高中生，在推播對象的設定就是16-18歲，這樣只要是合乎這一年齡層的網友就有機會看到，可見目標消費者的設定非常重要，只要你描述得越清楚，你就可以從年齡、區域、興趣、場地等多項指標當中，將你的產品廣告做有效觸及。

❖（二）從品牌、產品與行銷企劃著手

1.品牌

（1）您的品牌名稱好記易唸嗎？

（2）有沒有預查商標登記？申請了嗎？

（3）品牌標誌設計？標語Slogan？

（4）您的品牌定位、品牌個性、或品牌故事？有沒有清楚的價值主張？

這是品牌行銷的時代，所以品牌命名很重要，你想要登記的品牌名稱好記易唸嗎？因為目前行銷費用很貴，消費者在路上、在報章雜誌電視廣播網頁上好不容易看到你的品牌和產品，如果是「菜市場名」普通到不行，看了就忘，白白地浪費寶貴的行銷資源！

商標是無形資產，一定要去送件到智慧財產局申請登記，商標法有民事與刑事的罰則，請不要等閒置之；你可以先到智慧財產局的網站，或是委託專利商標事務所幫你預先查閱，你好不容易想出來的商標名稱是否可以登記。

由於商標是代表使用人的品牌形象與品牌資產，如果有人在市場上所銷售的產品之商標與你的雷同，致使消費者容易因而混淆而購買他的產品，這不僅損害你應有的行銷利益，對於品牌而言也有被稀釋的問題；因此商標審查除了一些既有的規定，例如地名、功能、技術專有名詞、通常用詞之外，審查的基本原則是相同字、同音、同義字不得超過二分之一，因此，如果你要申請三個字的商標名稱，在該類已經申請商標當中不能有兩個字和你的名稱相同，否則容易有混淆之虞。

因此，要取得一個好記易唸的好商標是很困難的，而商標是以申請日為判定基準，也就是誰先申請誰就贏，如果你有想到很好的商標，請不要客氣，申請費用真的不多，趕快遞件申請吧，當然，按照法規，取得商標證書之後的三年內必須有實際的行銷行為，那時候你早就開始行銷了！

好記易唸的商標絕對是稀有資產，試想，如果你登記一個網址www.good.com，這麼簡單好記的網址你先取得了，別人要出多少價格向你購買？商標亦同，好商標你可以自己享用，也可以授權或轉售。

接下來就是針對你的目標消費者和產品類別，設計適合的Logo設計圖樣，任何行業都有既定的刻板印象，試想餐廳和音響的商標，主題樂園和玻璃磁器精品的商標，糖果餅乾和建築公司的商標，他們商標想要表達的意圖和感覺應該不一樣吧！對的設計，適當的Slogan，對於品牌而言絕對有加分的作用。

你的品牌定位是什麼？這要對應到你的「競爭情況」，要找到和競爭品牌具有差異性的定位；你想要塑造什麼樣的品牌個性，這不僅要對應競爭品牌，也要對應「目標消費者」，讓你的消費者喜歡上你的品牌，進而信任你塑造的品牌；你應該需要品牌故事吧，這也要對應你的目標消費者，他們會聽信你什麼樣的品牌故事，進而對於你的品牌有好感。

一個簡單的品牌，卻包含有一大堆的工作要做，當你懂得操作品牌的相關知識越多，你所塑造的品牌與消費者溝通的效率才會提升。

2.價值主張

你為什麼要創造這個品牌？你希望能夠達到什麼目的？這個簡單的對話與問題就是要讓你審視目標消費者了解你多少？

這是一個重要且核心的要素，它可以感動你的目標消費者，它可以形成你的忠誠消費者群聚，只要你講得很清楚，並且獲得認同。

某音響品牌會強調技術研究、某食品品牌會強調新鮮、某汽車品牌會強調品質管制，這個品牌的價值主張就好像是一個人對於人生的堅持與態度，你要透過任何的品牌接觸點，就是你的目標消費者接觸到你的品牌的機會，透過圖像與設計、簡單的文字（例如Slogan）等，清楚地傳達出去，以加深「目標消費者」對你這個品牌的信任感，進而成為你的忠誠消費者。

品牌接觸點

每個接觸點都是增加品牌知名度及建立消費者忠誠度的機會。

社群媒體、部落格、公共關係、直銷、貿易展、口碑、電話、關係網路、簡報、演講、員工、產品、服務、車輛、品牌限時活動、廣告牌、名片、公司信紙、提案、網頁橫幅、出版品、語音信箱、電子信件、陳列品、包裝、招牌、商業表格、電子報、網站、經驗、環境、廣告、促銷……

和品牌接觸點的觀念類似的就是CIS（Corporate Identity System）企業識別系統，透過整體的系統規劃，向消費者昭示一個企業的經營理念、精神內涵、產品功能或服務特色的視覺溝通與傳達工具，這個CIS可以細分為三大體系：理念識別（Mind Identity）視覺識別（Visual Identity）行為識別（Behavior Identity）。

理念識別（MI）意指向消費者傳達企業經營基本信念與原動力，包括價值觀、經營信條、精神標語、企業文化、企業使命、經營哲學與方針策略、願景等。

視覺識別（VI）則展開和傳達其決策主張，建立完整的企業識別系統，視覺設計開發則包括品牌名、標誌、圖像系統（象徵圖形或吉祥物），行銷傳播、宣傳、促銷活動、銷售策略擴張等。

行為識別（BI）可分為活動識別和行為識別，需要執行教育訓練工作，諸如服務態度、應對技巧、電話禮貌、工作精神等；以及管理工作，例如環境、職工福利、研發等；再加上推廣活動化，例如調查、推廣、公關、促銷、公益事件、贊助活動等，以贏得社會大眾認同。

整體的企業識別系統在於讓消費者「望一眼即知」，讓企業形象到任何地點都可以獲得一致性的品牌認知。

如果你看了以下CIS的細節規畫，你應該馬上明白CIS與品牌接觸點幾乎完全一樣，就是希望能夠將品牌的價值主張充分地和消費者溝通，一份完整的CIS手冊應該包含的項目如下：

（1）前言

—CEO的話、企業的使命及價值、企業的主張、企業品牌的涵義、品牌識別的任務與角色、本手冊使用指南

（2）品牌識別元素

—品牌標誌、商標字體、標語、名稱、如何避免不當使用品牌識別元素

（3）命名

—法定名稱、口語名稱（如果有的話）產品及服務、商標

（4）顏色

—品牌顏色系統、輔助顏色系統、品牌識別標誌顏色選項、如何避免不當使用顏色

（5）品牌識別標誌

—企業品牌識別標誌、品牌識別標誌各種變化規範、如何避免不當使用品牌識別標誌、子公司識別標誌、產品識別標誌與應用方式、品牌識別標誌及品牌標語、如何避免不當使用品牌標

語、品牌識別標誌的字體間距與位置規範、品牌識別標誌的大小規範

（6）字體設計

—字體、輔助字體、特殊用途字體、在文書處理時使用的字體

（7）行銷溝通工具

—企業信紙、文件、部門信紙、信封、名片、記事本、新聞稿、邀請函

（8）數位媒體

—網站網頁設計、部落格FB和LINE等社群網站、網站結構、網站格式、介面、內容、顏色、字體、圖像、音效

（9）行銷素材

—聲調、影像格式、品牌標誌在版面位置、文件夾、封面、文件標頭、產品文件、直效行銷郵件、電子報、海報、明信片、收據、採購訂單、貨運清單

（10）廣告

—廣告用的品牌識別標誌、標語使用原則、在廣告上面放置識別標誌的位置、字體、電視廣告組合、廣播廣告的聲音規範

（11）展覽品

—貿易商展攤位、公司橫幅設計、產品陳列方式、姓名掛牌

（12）簡報及提案

—直式封面、橫式封面、透明封面、內部組合規範、Powerpoint簡報範本、Powerpoint背景及插圖

（13）交通工具識別

—貨車、汽車、巴士

（14）招牌

—招牌設計規範、企業內部招牌、顏色、字體、材料及招牌表面塗裝規範、燈光照明考量、公司旗幟

（15）制服

—冬季制服、春秋季制服、夏季制服、雨衣及工作服裝備

（16）包裝

—法令規範考量、環保考量、包裝大小、包裝組合規範、包裝上的品牌識別標誌位置大小規範、標籤、盒子、袋子、紙箱

（17）圖庫

—照片圖庫、圖畫圖庫

（18）週邊設計品

—高爾夫球衫、帽子、領帶、公事包、原子筆、雨傘、馬克杯、徽章、圍巾、滑鼠墊、備忘貼紙、股東紀念品、客戶禮品

（19）重製檔案

—商標、品牌識別標誌變化、全彩背景應用、單色背景應用、黑色背景應用、白色背景應用、PC平台使用、Mac平台使用

（20）其他

—諮詢窗口、問答集、批准流程、法令資訊、訂購資訊

（21）準備樣本

—光面塗佈紙色卡、非塗佈紙色卡、其他特殊紙

這些企業識別系統相關的製作物雖然很繁雜，做起來費時費力，但是卻是和消費者直接接觸的一級戰線，消費者憑什麼買你的產品，他們不會認識你，或公司任何一位員工，你賣產品的對象是不特定第三人，你也不認識他們。

消費者憑藉的，就是你設計的那些產品外觀訴求與相關廣告製作物等，或許再加上環境氣氛的塑造等，就是這一大堆的製作物影響著消費者的購買意願與決定。

然而，在製作這些企業識別系統物件之前，你的價值主張是什麼？你的核心競爭力是什麼？主要的中心思想要先確定，如果沒有這樣的清楚理念，你很可能只是弄一個看起來很漂亮的形象設計而已，表面華麗而無法感動人。

3.產品或服務

（1）產品或服務的功能。
（2）產品包裝設計與陳列。
（3）產品價格。
（4）SWOT分析並提出強化與改善方向。

所有的品牌操作將全部落實到產品或服務，品牌和產品或服飾是相互相依的，消費者如果使用品質差的產品，絕對不會對品牌有好感的。

你要去思考，你的品牌商標設計和產品外觀設計、陳列設計是否相符，這樣對應你的「目標消費者」，以及「競爭情況」，是否能夠創造出差異化的效果。如果你有空去精品百貨公司觀看玻璃藝術和瓷器精品的品牌，你就可以了解整體的品牌和產品及陳列設計的一致性和差異性的重要性了。

問一般消費者，或是邀集十多位目標消費者開個焦點團體座談會，仔細傾聽他們對於你產品的意見，或是在特定場合舉辦免費的試吃試用等活動，以了解消費者實際的使用心得。

產品包裝設計最有效而實際的方法，就是將你的產品直接放在通路上，你的產品在通路應該會被分類到哪個架位上，擺在那裡，和旁邊競爭品牌放在一起，對照比較，你的包裝設計勝出還是失敗，一看即知。

產品價格的設定也是要對應「競爭情況」、「通路」，以及「成本與預算」等項目，才能制定出具有競爭力而又有利潤的價格。

你可以利用SWOT分析來幫助你的思考，以下的SWOT分析內容是一般情況的問題，你可以據以修改為適合你產品思考的內容。

優勢	弱勢
任何能夠達成目標及打倒威脅的內部資產（技術、動機、科技、財務、關係脈絡） **我們的專長是什麼？** **我們有哪些競爭優勢？** **我們的資源有哪些？** （思考如何再強化優勢）	內部的缺點妨礙組織達成目標 **我們哪裡做錯了？** **什麼事情最讓人失望？** （思考如何將弱勢形容為優勢）
機會	**威脅**
任何一種外在的環境或趨勢可以幫助組織完成目標 **你希望未來幾年有什麼樣的改變？** **你可以掌握到哪些好處？** （思考如何善用機會，更加發揮自己的優勢）	任何一種外在的環境或趨勢妨礙組織完成目標 **有什麼是別人做了，而我們做了並沒什麼好處？** **未來有什麼改變會影響我們的組織？** （思考如何將威脅轉化為機會的動力）

特別留意的是本小節第四條的後半段「提出強化與改善方向」，SWOT分析之後必須要有積極性的思考策略，不能只是分析之後就結案了，而是要去思考如何「利用優勢達成目標」、「把弱勢變成優勢」、「將機會強化為優勢」、「將威脅轉為機會」，這樣的積極思考，我覺得才是使用SWOT分析的最佳應用。

4.功能訴求（消費者利益）

（1）請清楚而簡要描述您的產品或服務的最主要功能或訴求，而且最好與那三個競爭者有差異性。

（2）您的產品或服務可以滿足消費者哪幾個利益（請見下表）？

一個產品或服務對應到「目標消費者」，以及「競爭情況」，差異化特色的想法就油然而生了，但是在實務上，要擁有差異化的構想真的很難，因為大家都很聰明，能夠想的差異化競爭對手應該想過了。

另外在實務上還有一個情況發生，不僅無法想出差異化特色，連你這個產品或服務要給消費者哪些利益，有時候還講不清楚呢！當然，連廣告文案也不會寫得很有說服力的。

要解決這個問題，利用以下多達41個消費者利益就可以輕鬆解決了，這份資料是我多年前看過的一本書，書內也沒有明確說明是哪一位美國教授研究的成果，執筆之時遍查該本書不著，若有知音知道出處，敬請惠予告知，我將於本書再版時加上原作者資料。

消費者想要的利益應該就是這些，你去一一檢視，按理，一個產品或服務不應該只有一個利益，你挑出幾個利益，然後檢查並討論出優先排序，對應「競爭情況」，找出具有差異化特色可能性的一個主要利益，再加以強化它的涵義。

消費者利益		
1.可以賺更多錢	2.增加各種機會	3.擁有美的事物
4.可贈予他人	5.更加輕鬆	6.更為省時
7.節省金錢	8.節省能源	9.看起來更年輕
10.身材更好更健康	11.更有效率	12.更便利
13.更舒適	14.減少麻煩	15.可逃避或減少痛苦
16.逃避壓力	17.追求或跟上流行	18.追求刺激
19.可迎頭趕上別人	20.提升地位或優越感	21感覺很富裕
22.增加樂趣	23.讓自己高興	24.滿足花錢的衝動
25.讓生活更有條理	26.更有效溝通	27.可以和同儕競爭
28.及時獲得資訊	29.感覺很安全	30.保護家人
31.保護自己的聲譽	32.保護自己的財產	33.保護環境
34.可吸引異性	35.可換得友誼	36.希望更受歡迎
37.可表達愛意	38.得到他人讚美	39.滿足好奇心
40.滿足口腹之欲	41.可以留下一點什麼	

你應該可以找到一至三個消費者利益，如果你真的找不到，這就不是一個生意，你真的不要做了。

你找到的消費者利益，使用你的口語表達出來，想像你面前有一位消費者，你在向他推銷你的產品，然後把你講的話寫下來，再將這些話濃縮精簡，這一兩句話就是你產品的廣告文案，或是功能訴求，簡單有效而且有說服力。

5.社群

現在是網路社群的時代，大家吃飯的時候，每個人都在滑手機，這個微時間的行銷在現代至為重要，針對你的「目標消費者」設定廣播的對象，經常提供有用的資訊維持目標消費者的熱度，這方面的操作就在本書後半段將詳述。

6.廣告與促銷

（1）請提出思考足以讓消費者心動而行動的促銷新招（可參考下表）。
（2）依預算選擇最適合的廣告媒體。

廣告與促銷是行銷活動必要的行為，沒有廣告消費者就不知道有你的存在，沒有促銷消費者有點失去了搶購的動機，然而這必須對應「目標消費者」的習性，以及「競爭情況」的促銷形式，以及自身的「成本與預算」是否已編列適切的廣告預算可資運用，以及「物流與金流」可否配合，有時候物流無法配合，產品銷售速度緩慢，在產品上掛吊牌或瓶蓋抽獎活動就不能順利舉辦。

簡單的話，清楚的視覺，Single Minded，先講求吸引消費者的目光，當你可以留住消費者的注意力，他才會有興趣接著看你寫的詳細文案。千萬不要一次給很多訊息，消費者寧可選擇離開，不會花心思在你產品上面的。

曾經有車子訴求「寧靜」，和名車一樣寧靜，這個簡單的訴求就讓該車大賣，因為「寧靜」的背後是一大堆科技配合的結果，可見簡單訴求的重要性。

廣告最終還是要出新招，促銷是必然的活動，你不僅要讓消費者耳目一新，記憶度高，而且心動指數爆表，促銷的新招真的很難想，有時候創意只是在會議討論的一句玩笑話，但是我們總不能等待奇蹟的發生吧。

我翻遍所有行銷書籍，整理出曾經使用的促銷手法，全部列出於下表所示，這應該不會是全部的「人類智慧」終點，應該是起點，希望你能夠在參考下列促銷手法之時，幫助你腦中閃出一道新招之光。

曾經使用的促銷手法參考		
免費試用	免費體驗	測試調查
定檢診斷服務	商品顧問	優惠券
折扣券	均一價	定期服務券
加量不加價	還原金	吃到飽
抽獎	隨貨贈送	特價活動
積點持續購買	介紹好友贈點數	舊換新
滿意保證	免費刊物	會員專屬
套裝優惠	特定資格銷售	獨家贈品
樣品	現金回饋	競賽
搭配促銷	指定產品促銷	故事性促銷
榜單排名促銷	清倉拍賣	季節性促銷
統一價格促銷	滿額贈禮促銷	節日促銷
高價只賣貴的（反促銷手法）	堅決不打折（反促銷手法）	唯一代理商絕無分號
主題式促銷	效果對比式促銷	新品促銷
公益性促銷	聯合促銷	

❖（三）從物流、金流與工作進度著手

1.物流與金流

（1）進出貨流程規劃。
（2）帳款收付流程規劃。
（3）生產與代工規劃。

產品或服務的後勤及支援系統至為重要，如果你是代銷商，工廠的訪視，生產製程的檢視，操作人員的素質，原料採購與品質管制等細節，甚至老闆及主管的為人與做事態度，一點都不能馬虎。

舉一個簡單的案例，如果烤漆需要定溫三小時才合乎產品應有的品質，請問工廠的工作人員是提早作業，升溫至規定的溫度開始計算三小時，再逐步降溫，這樣可能需要花費四小時的作業時間。但是這家工廠的工作人員因為偷懶或是指令不清楚，他們從升溫就開始計算，無論是三小時到了才開始降溫，或是降溫後總共三小時，都沒有達到定溫三小時整的製程品質要求。

因此，工廠的訪查與溝通，品質管控，廠房配合貨物「先進先出」的作業流程規劃；帳款收付的流程規劃，預防應收帳款資料無端遺失，以及原料採購與委外代工的時程安排等，這些的細節不能有任何閃失，因為最終的結果就是賣場上貨架上沒有產品，或是客服人員有接不完的客訴電話。

2.成本與預算

（1）成本核計與財務資源規劃。
（2）組織與工作之人力資源規劃。

你準備多少資金運作，你的週轉能力好不好，當然其流動比率能夠達到≧200%是最佳的狀態，由其是現今通路與客戶的付款條件日益嚴苛與延後，每個人都想要應付帳款慢點付，應收帳款快收回，每個人都很聰明，可以預見的結果就是你的週轉有時會出問題。

你的組織人力也要做好妥善的安排，淡季和旺季，一天的作業時間也有忙與閒的時候，機動的短期人力如何調配才可以合乎成本降低的要求，還要對應「廣告與促銷」和「物流與金流」，才能夠做好財務支援工作。

成本與品質實在是一個難解的兩難議題，品質要好成本就高，市場售價的競爭力就下降；降低成本有時候是一件很危險的事情，消費者看不上品質低下的產品，銷售每下愈況與慢性自殺無益。

厲害的廠商可以在成本與品質降低的同時，讓消費者看不出來，有時候透過服飾的設計巧思可以掩飾一些品質的缺點，大量採購也可以壓低成本，但是大多數的中小型時尚產業廠商怎麼辦？

堅持品質意謂著成本提高，也就表示極有可能在市場上退場，要解決這個難題，只有對應「品牌」、「價值主張」、「功能訴求（消費者利益）」，以及鎖定「目標消費者」，和善用

「社群」鞏固忠誠消費者並且廣為推撥拉進新的消費族群。

這是中小型時尚產業廠商可以著力的地方，由其在現代企業極大化的威脅底下唯一的求生之道，試想，某服飾品牌鎖定30歲以上的女性，訴求穿上這個品牌的服飾會顯得更為年輕有活力，這不是切中了30歲以上身材逐漸變形的生理及心理需求嗎？只要確定品牌的定位與發展目標，研發人員就可以專心研究30歲以上女性的身材變化，透過設計的巧思，以及材料的搭配，要滿足目標消費者的需求應該很簡單。

不簡單的地方只有一個，就是你有沒有這樣的認知，有沒有這樣的決心，以及有沒有這樣的行動。

3.工作進度

（1）專案管理規劃。
（2）甘特圖。

排定專案執行計畫在團隊的運作上是一件基本的工夫，這也是在執行整個品牌專案最重要的事項，利用簡單而清楚的圖表和各部門溝通，制定清楚的目標以確保執行同一個方向。這說起來簡單，實際上的執行卻有難度，因為每一個人限於知識水準與認知的差異，以及因為專業學習所產生的偏見（或稱為刻板印象），或是宥於本身任職部門的立場，要達成一致性的共識，甚至採取相同方向的行動，的確是有難度的。

為了讓整個專案能夠順利進行，讓專案報告視覺化是一個可行的方案，一頁專案管理可以包含了每個專案的五大要素，1.任務、2.目標、3.時間軸線、4.成本、5.項目負責人等，與會人員就可以針對這一頁的專案報告進行討論。

這「一頁」概念的啟蒙，我是在東京旅遊時看到一本由竹島慎一郎所撰寫的《パワポで極める1枚企画書　PowerPoint 2002，2003対応》乙書，這本書是於2006年由アスキー・メディアワークス ，KADOKAWAアス出版。通書討論在一頁PowerPoint上如何表達企劃書的整體概念，甚至每個細節，利用多種表現形式在一頁的空間表達出來。

一頁企劃書的訓練，會逼使人集中焦點，精簡文字，並且在一個畫面裡面要將這個企劃案的各個環節都比對，要合乎整體的策略，而且要能夠相互支援與配合，例如目標消費者與通路是否可以對應，要寫一百頁的企劃書實在非常簡單，只要複製貼上潤飾即可，但是要寫一頁企劃書，可真是傷透腦筋呢！

專案管理也可以一頁[6]，而且，就是只有一頁，工作指令更需要簡單清楚，執行力道當然就強大。

---

[6] 請參酌文林譯（2011）。《一頁紙專案管理：以最簡潔的溝通工具打造最精實的執行力，再大的專案也難不倒你》（原著者：Clark A. Campbell & Mike Collins）。台北市：臉譜，城邦文化出版；家庭傳媒城邦分公司發行。（原著出版年：2010）

社群網路與LINE實務操作

／葉方良

一、社群網路行銷與LINE的快速崛起

行銷的4P是一個最基本的架構，從廠商立場轉化為消費者立場就形成了4C，讓消費者透過溝通感受到產品的價值與便利性，現在網際網路發達，網路平台的獲利甚至擊垮一般傳統產業，例如書店即是一例。所以，現在的4C又要增加1C，那就是社群Community。

表　行銷4P與5C

4P	5P	
產品Product	顧客Consumer	社群Community
價格Price	價值Cost	
通路Place	便利Convenience	
推廣Promotion	交流Communication	

資料來源：趙滿鈴（2014）[1]

這個網路行銷的時候，和傳統行銷相比，儼然是個兩個截然不同的世界，科技不僅改善了我們的生活，科技也可以幫助我們

[1] 趙滿鈴編著（2015）。《網路行銷特訓教材》。第二版。臺北市：松崗資產管理。

精準地找到我們的目標消費者，甚至可以一對一溝通，消費者的反應也是直接反映，直接參與，從中亦可精算出消費者參加社群的人數與區域；更甚者，只要一個有趣的訊息，你的目標消費者喜歡，在短短數天內，又可以無限轉傳，一夕爆紅的案例經常發生，就傳統行銷而言，這簡直是一個完美的行銷世界。

社群網路是由一群想法相近的人，基於需求各興趣或目的所共同建構而成的關係網絡。網路的主要資源就是人，只要有一個「地方」可以聚集人潮，就形成一個社群網路，早期的BBS至今還是很多人使用，因為操作方便簡單，加上訊息傳送快速；現在新興的社群網站利用有趣的圖案，甚至動態和聲音等，也吸引很多人聚集操作，甚至成立專屬於這個團體的「空間」，在世界各地都有風行的社群網站，LINE、WeChat、Facebook、Twitter、Instagram等，使用者只要建立自己的個人檔案，接著便可加入或成立社群，或是尋找志同道合的朋友。這就如McMillan & Chavis（1986）[2]對於社群的構面描述一般：「會員的歸屬感，感染其他會員或社群的影響力，分享自身的情感、需求透過會員相互間的承諾而凝聚再一起」。

社群網路通常有隱私控管的機制，允許使用者設訂權限，以篩選可以觀看個人檔案或是取得聯繫的對象，這也是一些通訊社群興起的因素，有些社群可以廣泛地交朋友，你講一句話天下皆知，有些社群重視隱私，你只能一對一溝通，各取所需，也各有商機。

---

[2] McMillan, D.W., & Chavis, D.M. (1986). Sense of community: A definition and theory. Journal of Community Psychology, 14(1), 6-23.

拜現代科技之賜，利用網路流傳全世界的機制也可以做行銷的動作，行銷就是賣更多東西出去的技巧，只要你將產品或服務美化，讓消費者願意出錢買你的產品或服務。中古世紀的市集就是各國奇珍異品的交流之地，文化交流與衝擊的場所，近代有了百貨公司和大賣場的設置，在一棟房子裡面就可以逛遍任何需求的產品，現在有網路，只要在家裡就可以購物，而且是向全世界的公司、工廠、個人工作室下訂單，這樣的行為在三十年前根本沒有辦法想像。

即使是使用網路，行銷的作為一點也沒有改變，在維基百科中對於「行銷管理」的定義是：「行銷管理乃是一種分析、規劃、執行及控制的一連串過程，藉此程序以制訂創意、產品或服務的觀念化、訂價、促銷與配銷等決策，進而創造能滿足個人和組織目標的交換活動。」

這麼生硬的文字也可以使用其他有趣的文字表達，例如「有效溝通」、「產生行動」等，將產品或服務的資訊快速而精準地傳達到你的目標消費者，和他們溝通，爭取他們的認同，激發他們購買的行動。就好像你開餐廳，明天打算要打七折優惠，你會在街頭發傳單向路人告知這個訊息，收到傳單的人覺得很划算，明天準時就到你的餐廳報到了。你很辛苦地在街上發傳單，如果使用通訊社群網站呢？

現在社會有很多弱勢族群需要有經濟餘力的人捐助，或是發生一些災難急需專業人士支援或特定物資挹注，如果你在Facebook開一個粉絲頁，將這些訊息傳播出去，這樣的速度與觸及率，和以前公益團體請求電視台播放捐款廣告相比，哪一個比較省錢，而且有效？

社群行銷（Social Media Marketing）就是現階段任何一個人，沒有多少錢的人也可以操作的快速而有效的行銷工具，只要你的品牌、產品、服務有特色，剛好切合目標消費者的需求，加上適度的推播，以吸引網友的注意而增加流量和互動，你要累積自己的忠誠消費者的目的是可以達成的，但是你要注意一個重要的原則，那就是要讓觸及到你社群的網友能夠從你的網站中「發現」或「分享」一些新鮮的事情，或是一些有用的資訊，如果你每天都發表「老王賣瓜」式的產品說明，網友沒有幾天就厭煩了，就無法有效聚集人潮。

社群APP或網站，就等於是和在廣場聚集一群志同道合的朋友是一樣的道理，只不過社群網站是透過網際網路串連在一起，這樣的現象就經營者而言，是「忠誠消費者」的金磚！如果你能夠擁有一萬名的粉絲，當你發佈一個節慶優惠的消息，不僅這一萬名志同道合的朋友都看到，只要他們按讚，又可以無限傳播出去。你可以精準設定你想要傳播的目標對象，如果你是賣電玩遊戲，你應該知道要設定哪個年齡區段的網友，這樣的廣告推廣方式，在以前只有三個無線電視台的時代簡直無法想像，甚至Yahoo、蕃薯藤首頁廣告Banner放置的年代，也無法預知廣告可以這麼精確地操作。

對於時尚產業中小企業而言，網路行銷是一條「翻身」的好機會，只要你成功的塑造具有差異化特色的品牌和產品，你的行銷作為將可以有以下的好處：

1. 你可以一對一和目標消費者溝通，還比傳統的直效行銷來得快而精準。
2. 你可以做好精確的顧客關係管理，名單精準而有效。

3. 自己可以設定市場區隔，並且將目標消費者聚集成一個社群。
4. 你可以導向接單式的生產模式，以減少庫存。
5. 你可以利用網路做好供應鏈的管理與協調。
6. 你的員工可以主動參與，大家都是知識貢獻者與客戶服務專員。
7. 你的金流可以變成電子化，透過第三方支付降低風險。
8. 你產品的特色與優點，可以充份地和目標消費者溝通討論。
9. 你產品訊息的傳播速度與範圍是超級快速與無限廣大。
10. 目標消費者消費的時間和地點不受任何限制。

這麼多的好處，你要懂得善用，你要趕上時代的風潮，特別是面臨嚴峻考驗的時尚中小企業，一個最適合中小企業發展的社群平台，不要白白浪費了。

本書以LINE為通訊社群網路架構範例，一方面是LINE的親切生動的界面快速吸引網友加入，甚至成為家庭互相溝通的重要工具，另一方面是以一個LINE社群的實例，其操作的方式如果你能夠了解，其他通訊社群網站的操作幾乎大同小異，只不過是編排與方式小有不同而已，推播的手法大致都相同，這就好像是繪圖軟體一樣，只要你精通一個軟體，要無師自通另一個繪圖軟體是有可能的。

「自2011年6月23日推出以來，LINE以語音／視訊通話與貼圖傳訊服務等豐富貼心的功能，讓臺灣地區使用者透過「即時通訊」、「免費服務」、「豐富多元」的表達方式傳遞彼此間的情感，19個月內突破一億用戶，接著過了6個月（184天）邁向第2

個一億，而從二億成長三億只過了127天，而再以近似的速度於2014年4月間達到四億用戶！同時LINE宣告2014年將挑戰用戶5億大關，將LINE發展為全球頂尖的通訊服務。目前，LINE提供日文版、英文版等17國語言的版本，除了亞洲和中東國家之外，美國和墨西哥等國家的用戶也超過1,000萬人。」[3]

LINE的擴散速度遠超乎常人所想像，甚至震驚了通訊社群同業，有些網站甚至故意築起圍牆，阻止自己的網友將訊息連結到LINE，或是傳訊時只要打上LINE的網址馬上就被警告，可見其驚慌之程度。任何一個軟體如果連老人都可以上手，其接受程度必然大幅增加，LINE就是這樣，隨著智慧型手機的快速普及，加上LINE充分掌握這個風潮，在世界各地運用當地知名人物當作貼圖的貼圖的主角，便利的語音和視訊通話，能夠和LINE好友同樂的遊戲，以及貼心的「已讀」設計，甚至LINE在某些地方提供串流服務LINE TV，可以觀看特定國家的連續劇，LINE行銷經營的靈活度在世界各地的滲透率更快。

LINE的崛起，主要是切合當前消費者的通訊網路的需求，其主要的特性如下：

1. 整合平台作業：「用戶喜愛、移動環境、全球化」是LINE發展的核心議題，讓大家深受LINE的浸潤影響，在行動網路發展快速的趨勢之下，所有App（Application應用程式或應用軟體）都是針對用戶生活目的而發明，LINE的發展就是App的集合體，LINE的行動策略就是「融合」App，以方便網友使用，以同一個平台完成動

---

[3] LINE官方網站，線上檢索日期：2015年6月15日，網址：http://official-blog.line.me/tw/archives/38020960.html

作，優化而親切的介面設計降低了登入登出的麻煩，使網友一用就喜歡，提升使用者最佳黏著度、以及平台臨場感的情緒表達程度、凝聚程度及滿意程度。

2. 簡潔操作介面：LINE能夠成功搶占低頭族的原因，就是生動可愛又精緻的使用介面，不同的功能介面有不同的管理方法，「線條、位置、動線，細節」等累積起來就成了LINE的風格，簡而言之「按鈕、字體、綠色」就是LINE的品牌要素，尤其是LINE目前有多種版本應用在多螢幕裝置之下，LINE都要求讓使用者有共同的體驗，關鍵就在維持品牌一致性。

3. 饒富使用趣味：好玩、有趣，這也就是LINE能夠讓大家樂在其中的理由。尤其是豐富表情的貼圖增添了家人溝通的趣味性，LINE除了視覺上的介面設計，LINE也擁有話題性十足的體感設計「搖一搖」，使用者只要開啟「搖一搖」功能，就能夠搜尋到同時在使用該功能的人，創造出除了「講話」交朋友，智慧型手機也能交朋友的溝通新模式，以趣味打破既定交友溝通形式，這也是LINE成功基礎之一。

LINE又展現其靈活的行銷手法，推出LINE@生活圈，預料又可以引爆「平民創業」社群行銷的風潮。「在台灣高達1700萬使用者的LINE，2014年度第四季正式推出了LINE@生活圈，有別於企業合作官方帳號及貼圖上架服務的高額費用，LINE@把目標族群定在一般在地商家及中小型企業組織，不需要費用即可申請，就像自己擁有一個「官方帳號」，不僅可加好友、推播訊息、動態貼文，同時透過LINE@也可獨立發行優惠券，相當適合在地商家應用於行銷活動上。」[4]

對於在地小商家，甚至對於正在就學的學生想要將自己創作的文創商品或是深具特色的服飾和飾品做銷售的動作，除了一般大型入口網站的購物中心，Facebook粉絲頁，以及各個電子商城之外，現在又多了一個選擇，LINE@生活圈預期是在地商家免費行銷的好工具，期待透過LINE的靈活操作，這個LINE@生活圈能夠真正幫助在地店家搶進多元商機，提升數位應用及經營。

LINE@生活圈之所以成為現代化所向披靡的行銷工具，究竟有什麼特性讓人覺得魅力難檔，我按LINE@生活圈官方網站所標示的功能，歸納出以下幾點：

1. 一次推廣，方便利用：商家用戶可以透過智慧型手機的「LINE@」應用程式或電腦管理頁面編輯訊息，一次設定發揮「群發訊息」的功能，讓所有顧客或粉絲能快速收到相關優惠訊息，同時還能預先設定訊息的傳送時間，讓您在推廣活動時更加靈活。
2. 獨立聊天，具隱私保護功能：「1:1聊天」模式，可讓商家直接收到客戶的諮詢或訂購訊息，也可以直接回應客戶的需求，訊息傳達即時，減少因時間落差所造成的溝通阻礙，例如預約、活動諮詢、客服問題等，皆可透過此功能完成。
3. 一目了然的營業資訊，增加顧客光臨機會：LINE@具有商家「行動官網」的功能，在行動官網上，可隨時而輕鬆地刊載相關營業資訊，包括地址、營業時間、甚至是圖文

[4] LINE@官方網站，線上檢索日期：2015年6月18日，網址：http://at.line.me/tw/

並茂的菜單。此外，所有資訊也可在網路上公開搜尋，為商家爭取最大的曝光機會。

4. 即時動態，互動零距離：動態消息、主頁的設計，不只具有群發訊息，還有動態消息、主頁功能可供商家向廣大好友宣傳店內的最新活動資訊。好友可對商家所發出的動態消息按讚、留言、及分享，創造出高度的互動性。豐富的宣傳頁面，更勝文表：傳統文字訊息，即便再豐富，也抵擋不了一張圖表的魅力，藉由宣傳頁面，商家可製作圖文並茂的活動頁面或優惠券，輕鬆導引好友至線下實體店面進行消費，實際提升營業額。
5. 充分鎖定目標群：LINE目前已建立起消費閉鎖循環的體系，LINE@商家可透過調查功能製作簡單的人氣投票或問卷調查，此項「調查功能」的設計，可以讓商家充分了解到產品的市場接受度，一方面與客戶有了豐富有趣的互動，另一方面也蒐集到客戶的背景資料，全面了解自己的目標族群。
6. 數據資料庫：數據資料庫的分析是網路行銷的重要關鍵，透過每天「好友人數」增減變化，或是好友對店家的訊息內容反應，能找尋出最適合的操作方式，讓所有人都能成為自己的忠實顧客。
7. 多人同時管理：LINE@生活圈支援多人同時管理後台，讓每一位成員皆能以同一商家的LINE@生活圈帳號名義，回應不同的顧客傳來的訊息，達到「服務至上、品質專精」的目標。

二、LINE個人功能操作實例

LINE在2014年所作的統計，LINE的使用者涵蓋了高消費力的年齡層，也就是40歲以上的使用者接近50%，這是過去的社群軟體從未有過的。而也代表LINE的使用者是數位落差較為高的族群，所以如何簡單做好LINE個人的基本設定及操作就極為重要，以LINE獨有的五個優勢：1.基於智慧手機而非PC、2.採用封閉方式而非開放方式、3.以真實的人際關係為基礎、4.注重之前的朋友關係、5.是一種聯絡感情的通信方式，來建構人際關係，善用LINE的優勢才能在LINE及LINE@生活圈推廣上達到事半功倍，進而產生「病毒式行銷」的奇效，以下就先針對LINE個人常用功能作重點說明：

❖（一）個人LINE就是名片！

在LINE的首頁上方依序是：好友、聊天、動態消息、其他等四大功能，而好友列表的第一位就是自己本人，而在名稱的部份（LINE提供了20字）可以使用姓名+公司職稱或專長，而下方的簽名則可以輸入公司地址及聯絡電話，或者是產品資訊，此兩行所輸入的是自己簡介資料，也是代表個人的名片，是極為重要的，因為不管是在LINE社群或是動態留言，對的名稱及簽名不止可以讓人印象深刻，也可以讓人一目瞭然，這在商業運用及經營是很重要的。

以我為例，就充份利用了這20個字，將個人的資訊充分表達，你可以算一下「葉方良（LINE@生活圈o2o教育行銷）」剛好20個字。

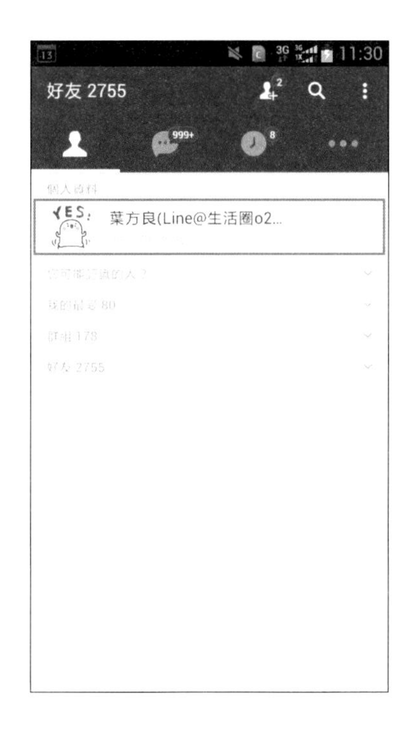

1.個人主頁就是個人網頁：

主頁的內容可以自行PO圖文及影音聯結或影片，也可以分享朋友或是LINE@生活圈官方帳號的文章，除了具有行銷功能，更是人際互動的空間，文章下方的三個功能分別為讚、留言、分享（LINE@官方帳號文章或是LINE個人PO文時選擇「向所有人公開」的文章，都是可被分享的），當大家在文章留言或是按讚或是分享，LINE都會通知版主，所以要互相支持及人際互動，是要在這個部份進行，才是正確，可以達到創造文章的閱讀率產生流量及行銷。

Step 1

在LINE的首頁中，選擇上方分頁功能的「好友」。點選個人名稱，再選擇主頁。

Step 2

顯示主頁。如要更換主頁上面的圖片，可直接點擊圖即會出現拍攝照片，選擇照片的功能，就可以直接進行變更。而在右下角有筆的圖示，點選可以進行PO圖文。（圖by阿里山火車站前「雲瀑」侯和生作品）

Step 3

不管是個人PO文或是分享文章到動態消息，都會在個人主頁呈現累積。第一個讚及留言一定是自己先按，除了是帶動也是態度，再運用分享功能來進行主動行銷，將文章分享到群組或是朋友，如此會有很好的行銷效果，而留言則可以延伸出無數的次議題或是貼LINE的貼圖，除了增加留言數也會增加主PO文的流量，也會產生病毒式行銷的效果。（附圖之內文引用網路文章）

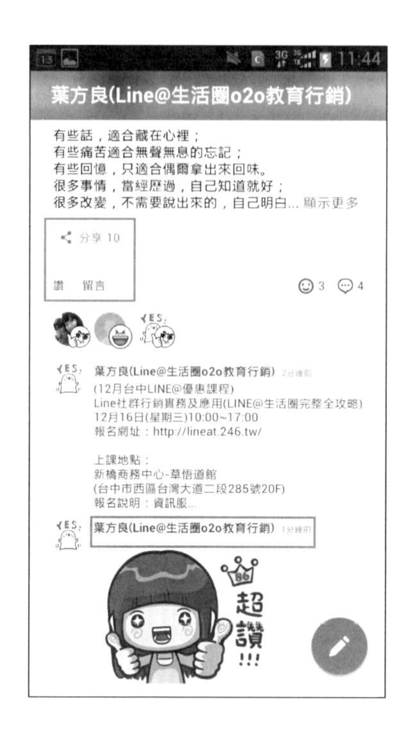

2.聊天及接收推播廣告：

LINE首頁第二個功能是個人與朋友或是群組聊天的區域，LINE@生活圈官方帳號推播廣告也是顯示在這裡。功能圖示旁的數字，代表的是未讀的訊息數，如何讓自己發出的訊息不要成為別人未讀的訊息，必須要做的是避免無意的問候與寒暄以及過猶不及的貼圖，善用朋友主頁文章的留言及按讚功能，才是真正的人際互動，否則過度的訊息只會造成反效。

3.動態消息即時互動：

LINE首頁第三個功能是動態消息，會顯示朋友的最新PO文及所加入的LINE@生活圈官方帳號發表的文章，是LINE個人經營的主要區域，及時的給予朋友鼓勵及互動。而唯一要注意的是，LINE@生活圈官方帳號的文章或是LINE個人PO文時選擇「向所有人公開」的文章，在PO文時間旁會顯示的是圓形的地球圖示，此類文章，當你按「讚」的時候，在圖示的下方會出現「分享至好友的動態消息」的文字，文字前面的選擇框是打勾的，那代表當你按「讚」的當下，你個人LINE所有朋友的動態消息都會出現此則文章，以及你按「讚」的訊息。如不想推播到

朋友的動態消息，記得在按「讚」之前，把選擇框的勾去掉即可。（圖文為法鼓山傳燈院LINE@生活圈文章畫面）

4.設定電子郵件帳號：

於個人LINE，設定電子郵件帳號及密碼。完成設定及認證後，更換手機或是遇到任何情況而須更換手機，您舊有帳號的內容將能移動至其他智慧型手機上的LINE。

除此之外，您所設定的電子郵件帳號及密碼還能供您登入電腦版的LINE，更重要的是此電子郵件帳號及密碼也是LINE@生活圈的登入帳號及密碼。

電子郵件帳號的設定步驟

1. 點選「其他」【…】（位於畫面功能表最右邊）
2. 點選「設定」
3. 點選「我的帳號」
4. 再次點選「設定電子郵件帳號」
5. 輸入您想設定的電子郵件帳號及密碼後，點選「確定」
6. LINE會發送認證碼到電子郵件，請至電子郵件收信
7. 在LINE輸入電子郵件認證碼就完成

❖（二）LINE@實務操作實例

1.LINE@帳號分類

一般帳號（灰色的盾牌）

任何人皆可擁有此類型的帳號，且無須等待審核，即便是個人或虛擬角色等皆可申請。本類型的帳號除了提供1:1聊天、群發訊息等LINE@生活圈的所有基本功能，亦可供您升級至付費的推廣方案或申請專屬ID。（下載「LINE@生活圈」應用程式，立即申請！）

認證帳號（藍色的盾牌）

本類型的帳號僅有特定業種才可申請（以申請表上出現的業種為主），並通過本公司的審核作業後才能取得。認證帳號除了提供一般帳號的基本功能外，並可於下列地方進行搜尋：官方帳號列表、LINE@生活圈列表、LINE好友列表，同時也會顯示已認證的藍色標示。申請認證帳號網址https://entry-at.LINE.me/tw/

2.LINE@生活圈App註冊

Step 1

先下載LINE@生活圈的App，請於Play商店（Google Play）搜尋「LINEAT」進行安裝。

Step 2

LINE@生活圈APP安裝完畢桌面會出現LINE@的ICON圖示，所以LINE是人際運作及行銷應用，LINE@生活圈APP主要是官方帳號後台資料操作管理及行動網頁製作與會員1對1互動及建立行銷活動。

Step 3

點選桌面LINE@生活圈APP的ICON圖示，進入LINE@生活圈APP的登入選擇畫面，可以點選「開始使用LINE」或是「使用LINE帳號登入」。通常都是直接點選「開始使用LINE」。LINE@並不需要綁定手機，所以也可以「使用LINE帳號登入」進行管理其他人的LINE@生活圈帳號。如沒有登出LINE@生活圈APP，LINE@生活圈官方帳號就會常駐，可以進行管理及上傳圖文，隨時接收會員的來訊。

Step 4

如果選擇「使用LINE帳號登入」，就要輸入LINE認證的電子郵件帳號及密碼登入LINE@生活圈APP。如果有帳號及密碼登入問題，請回到個人LINE的「設定電子郵件帳號功能」，重新設定。

Step 5

完成LINE@生活圈APP登入會出現此註冊畫面，表示完成LINE@生活圈的APP登入程序。現在可以直接註冊你的第一個LINE@生活圈帳號。使用LINE@生活圈APP每個LINE帳號最多可以申請4個LINE@生活圈一般帳號。

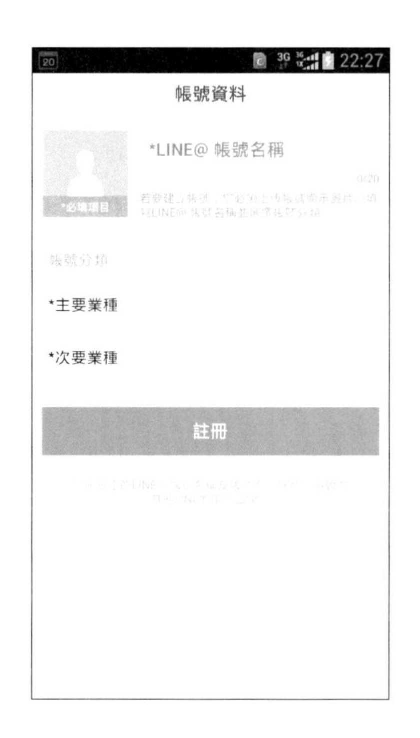

3.建立LINE@生活圈官方帳號（使用手機LINE@生活圈APP版）

LINE@生活圈一般帳號，註冊時所用的LINE帳號，是唯一的管理者，管理者可以增加操作人員，所以如何用最簡單且快速的方式來完成行銷所需且必要的建置就極為重要。用LINE@生活圈APP建立的資料是哪些，如何才能快速上線，以下是簡易快速實務操作版的流程：

Step 1

LINE@生活圈官方帳號註冊以「簡單生活藍染工作室」為例

在LINE@生活圈帳號資料註冊頁面「帳號名稱」、「LOGO圖」、「帳號分類」都是必須欄位。

輸入LINE@生活圈帳號名稱，「帳號名稱」最多20個字，輸入「簡單生活藍染工作室」

LOGO圖檔：選擇上傳LOGO圖片，照片將會顯示在好友名單及聊天頁面上。

建議尺寸：640px×640px（檔案上限為3MB）

帳號分類選擇：「主要業種」選擇「品牌、商品」，「次要業種」選擇「服飾」。

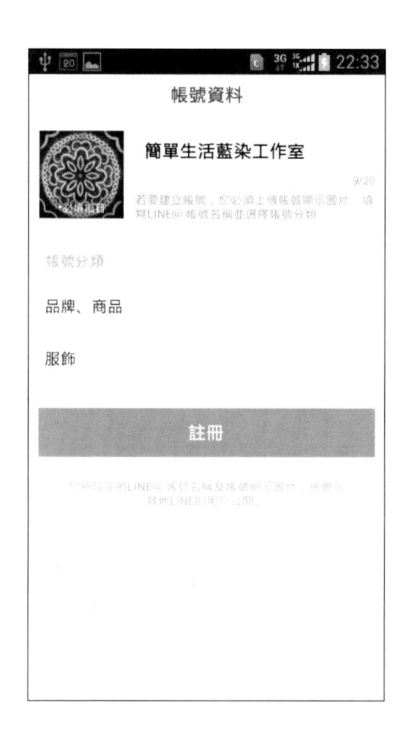

Step 2

狀態消息（基本資料>>狀態消息）

在LINE@生活圈APP的帳號首頁，選擇「管理」，進入「基本資料」，點選「狀態消息」。在「狀態消息」輸入「藍染教學與體驗097055*55*謝佩樺」（目前限制20個字）。

Step 3

設為好友時的歡迎訊息（基本資料>>設為好友時的歡迎訊息）

LINE個人帳號，加入LINE@帳號成為好友，會出現歡迎訊息，訊息內容是最重要的，因為一個LINE帳號加入LINE@帳號只有一次，LINE@可建立提供五則歡迎訊息，圖文皆可。

LINE@會員分為二種，加入LINE@帳號，沒有回覆任何訊息的會員為「追蹤者」，會接收LINE@所發送的PO文或推播訊息。會員有回覆圖文訊息，

第一則訊息設計如下：

藍染需要的植物包括了馬藍與木藍，三峽正是馬藍（大青）的主要產地，加上場域寬闊的三角湧溪、三峽溪及支流中埔溪畔水質良好，成為適合染布時需漂洗、曝曬的場所。

藍染跟植物染最大的不同在於藍染不經高溫，從頭到尾都在常溫下進行，葉子採回來之後要在一定的時間內萃取色素，透過發酵還原的程序才能開始染布，想要掌握藍染成品成功的關鍵，完全在於藍染液的培養。

「染液裡面的色素是活的，跟養一個孩子一樣。你必須隨時留意環境變化常常跟它說話，然後不時攪拌讓母菌活絡，適時加入營養劑補充母菌能量，才能養出一桶品質好的染液。」

在經驗不斷的累積之後，光是從染液發酵時發出的聲音，就能夠判斷這一次養出來的染液能不能染出一幅好作品了。

簡單生活藍染工作室（Easy life indigo dyeing studio）

指導老師：謝佩樺　電話：0970-XXXXXX

藍染教學與體驗 植物染采風行程 藍染品製作銷售

藍錠特價供應中（識藍、玩藍、賞藍、話藍）

http://www.woaded.com/

Email: ebook2_a@yahoo.com.tw

第二則訊息設計如下：

第三則訊息設計如下：

第四則設計如下：

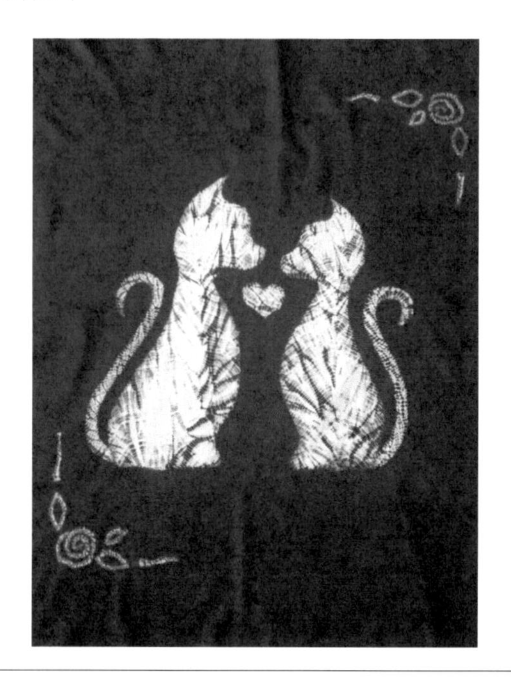

第五則訊息設計如下：

感謝您支持 簡單生活藍染工作室

敬請回應一則訊息（或貼圖）

即可以成為我們的VIP會員

可以直接用LINE與我們互動

歡迎大家來 三峽老街 尋幽探古

實際呈現的樣子：

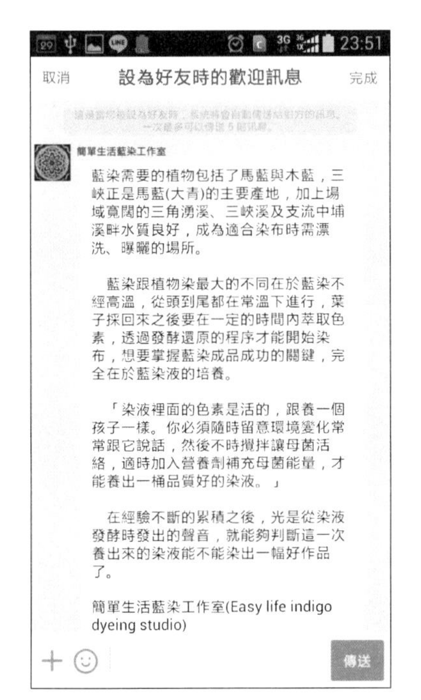
23:51
取消
設為好友時的歡迎訊息
完成
簡單生活藍染工作室
藍染需要的植物包括了馬藍與木藍，三峽正是馬藍(大青)的主要產地，加上場域寬闊的三角湧溪、三峽溪及支流中埔溪畔水質良好，成為適合染布時需漂洗、曝曬的場所。
藍染跟植物染最大的不同在於藍染不經高溫，從頭到尾都在常溫下進行，葉子採回來之後要在一定的時間內萃取色素，透過發酵還原的程序才能開始染布，想要掌握藍染成品成功的關鍵，完全在於藍染液的培養。
「染液裡面的色素是活的，跟養一個孩子一樣。你必須隨時留意環境變化常常跟它說話，然後不時攪拌讓母菌活絡，適時加入營養劑補充母菌能量，才能養出一桶品質好的染液。」
在經驗不斷的累積之後，光是從染液發酵時發出的聲音，就能夠判斷這一次養出來的染液能不能染出一幅好作品了。
簡單生活藍染工作室(Easy life indigo dyeing studio)
傳送

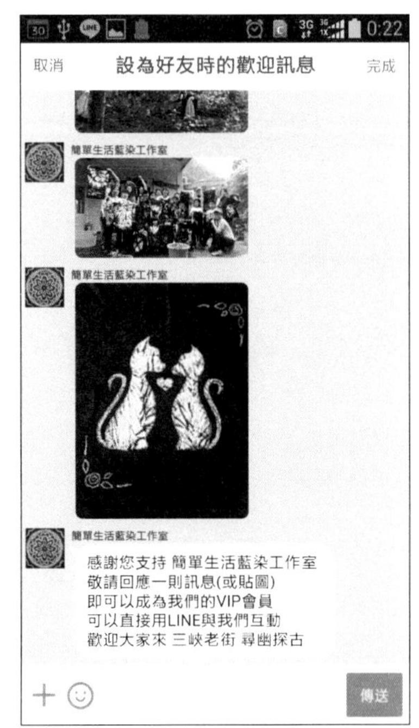
0:22
取消
設為好友時的歡迎訊息
完成
簡單生活藍染工作室
簡單生活藍染工作室
簡單生活藍染工作室
感謝您支持 簡單生活藍染工作室
敬請回應一則訊息(或貼圖)
即可以成為我們的VIP會員
可以直接用LINE與我們互動
歡迎大家來 三峽老街 尋幽探古
傳送

Step 4

將「公開變更後的首頁圖片」功能關閉

（主頁設定>>公開變更後的首頁圖片>>向左關閉開關）

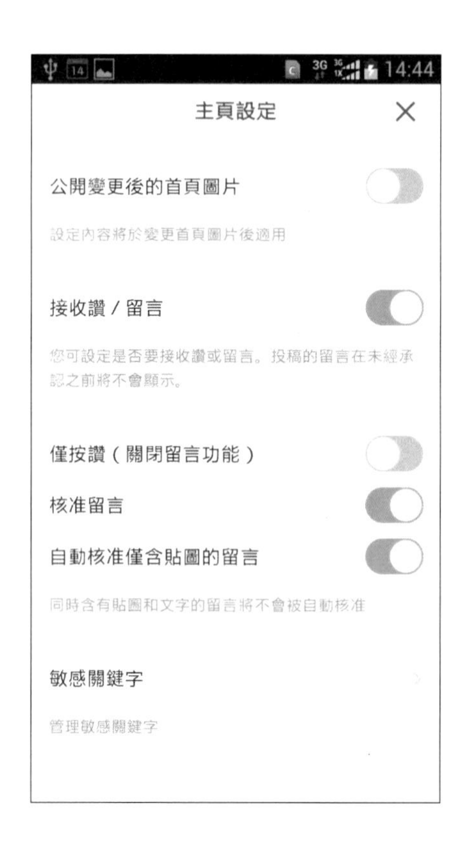

Step 5

增加封面照片

（主頁>>點選封面照片>>選擇照片）

封面照片：貼圖大小建議為1080×878px，且在3MB以內。

圖片上傳後，您將能設定裁切範圍。

實際呈現效果：

Step 6

投稿

（主頁>>投稿）

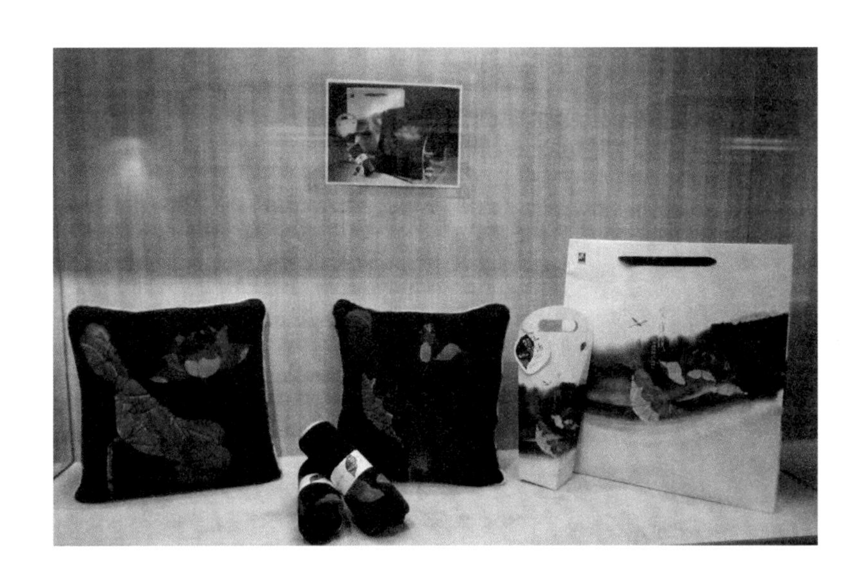

簡單生活藍染工作室

天然染料是人類自古以來即陸續開發使用的傳統染料，它具有悠久的使用歷史，並且和人類的文化發展息息相關，它包括「礦物性染料」、「動物性染料」及「植物性染料」，其中以植物性染料的種類最多，應用的範圍也最廣泛，故天然染色常被簡化為植物染色。

藍染是客家早期的重要文化產業，但因化學原料的發展而逐漸蕭條，謝佩樺全力參與復興與推廣，並於2003年成立了「簡單生活藍染工作室」。本產品是以藍染呈現蓮花含苞與盛開的美麗景象，採用先染後製的方法製作，重點式的壓縫更顯自然與立體，蠟染技法產生的裂痕，使作品看來更為自然寫實。

台灣客家等路大街－愛蓮說、抱枕 http://goo.gl/P3McYA

簡單生活藍染工作室（Easy life indigo dyeing studio）

指導老師：謝佩樺　電話：0970-558559

藍染教學與體驗 植物染采風行程 藍染品製作銷售

藍錠特價供應中（識藍、玩藍、賞藍、話藍）

http://www.woaded.com/

Email: ebook2_a@yahoo.com.tw

實際呈現的樣子：

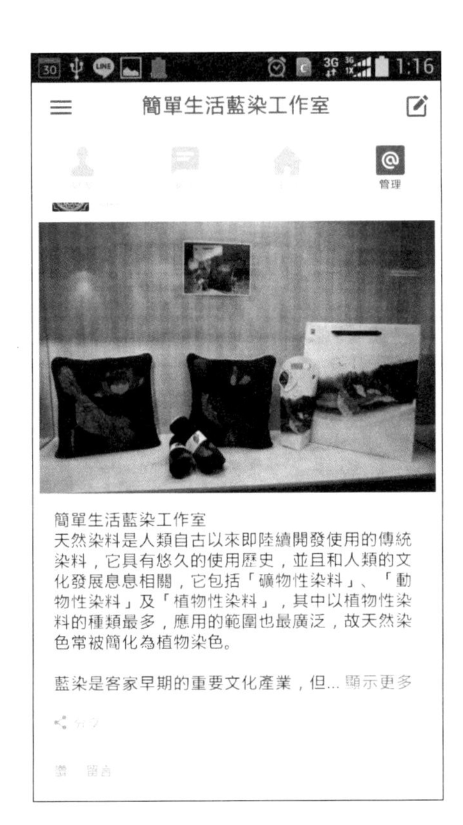
1:16
簡單生活藍染工作室
管理
簡單生活藍染工作室
天然染料是人類自古以來即陸續開發使用的傳統染料，它具有悠久的使用歷史，並且和人類的文化發展息息相關，它包括「礦物性染料」、「動物性染料」及「植物性染料」，其中以植物性染料的種類最多，應用的範圍也最廣泛，故天然染色常被簡化為植物染色。
藍染是客家早期的重要文化產業，但... 顯示更多

Step 7

推廣LINE@

方法1

告訴好友

（管理>>告訴好友>>以LINE傳送邀請訊息）

可將下列訊息修改成為，推廣文！

您收到簡單生活藍染工作室傳來的好友邀請。請點選下方的連結，或是於LINE、LINE@的ID搜尋中以「@JQT1417U」（須包含@）搜尋後將對方設為好友。

http://LINE.me/ti/p/%40jqt1417u

方法2

分享行動條碼（LINE@ QR CODE）

（管理>>好友>>分享行動條碼）

可用於名片及任何文宣時印製。

方法3

使用LINE成為LINE@官方帳號會員

1. 點選LINE@網址 http://LINE.me/ti/p/%40jqt1417u 即可以成為LINE@官方帳號「追蹤者」。
2. 使用LINE加入好友的行動條碼來掃描LINE@ QR CODE，即可以成為LINE@官方帳號「追蹤者」。
3. LINE帳號回覆LINE@，可以利用PO圖或文，讓LINE@官方帳號的管理者或是操作人員可以來進行「核准」，只要完成LINE即成為LINE@好友。

實際呈現：

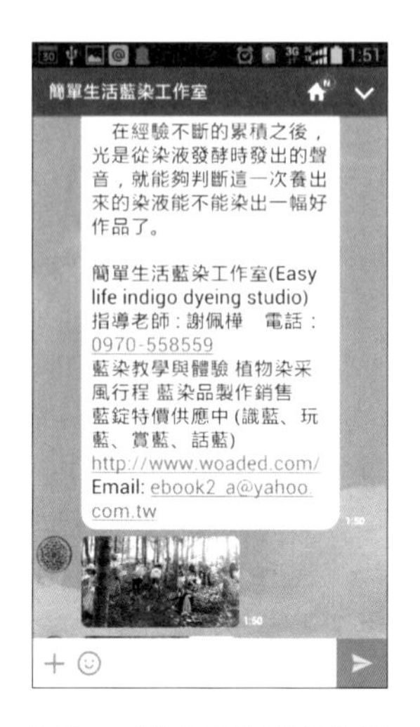

圖1　成為LINE@官方帳號「追蹤者」

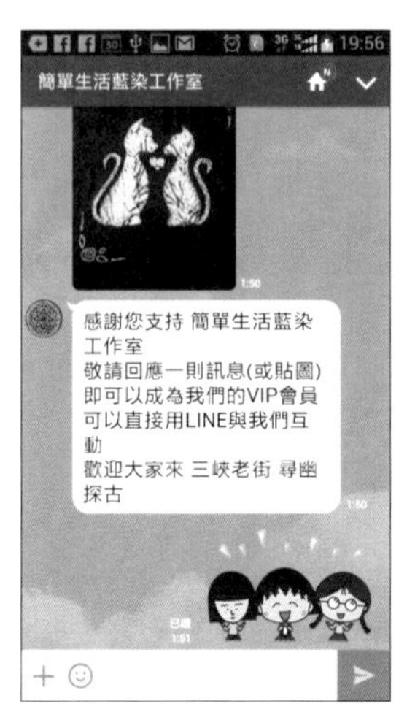

圖2　回覆PO圖，申請成為LINE@ 官方帳號會員。

圖3　LINE@官方帳號，點選「加入」即可核准申請並且回PO圖，即完成會員申請。

方法4

群發訊息（手機版）

一口氣將訊息傳送給所有的好友們

步驟1點選「廣播」、「+撰寫新訊息」

步驟2點選「編輯訊息」開啟「預約訊息的傳送時間」可預設發送

步驟3編輯完後按「傳送」，即可在畫面上預覽，接著按右上角的「完成」，至前頁按下「傳送」（一次最多傳送3則訊息）

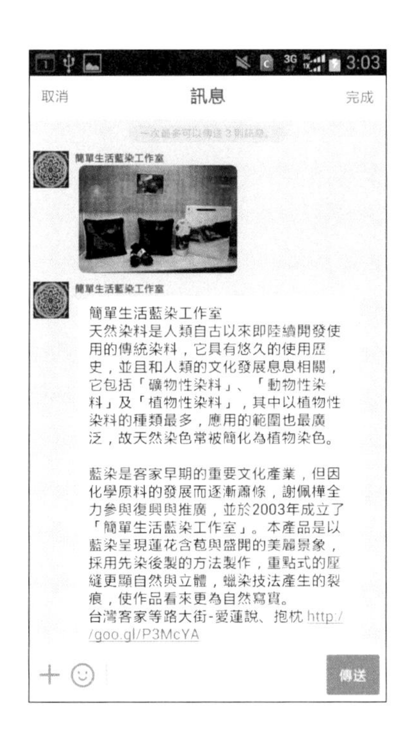

4.完成LINE@官方帳號（手機版）簡易商業版本的設定及操作及增加操作人員：

LINE@官方帳號的管理除了有手機版本，同時也有電腦版本，而如何有效率且依照功能特性來操作是很重要的，一般帳號的申請是使用手機版本的App來完成註冊，並且依上述流程完成簡易商業版本的設定及操作，除了適用於不習慣使用電腦的人士，更是讓企業主或管理階層的主管都可以輕鬆上手的LINE@操作。管理者再增加操作人員，操作人員可以使用電腦版本，進行行動網站及相關資料的進階使用，如此才會讓個人或是企業在LINE@的使用更得心應手。

用LINE@電腦版建立的資料有那些，在下一節會做完整介紹。

成員帳號管理功能：

管理成員可以增加操作人員及設定付款人員，做為經營管理及客服團隊。

新增操作人員

◎每個帳號有1位管理員、多位操作人員

◎擁有個人LINE帳號即可成為該帳號管理成員

◎輕鬆分辨多位管理成員

當管理成員發送訊息時，顯示的名稱為該LINE@ 帳號名稱，非管理成員個人的名稱

認證帳號申請：一般帳號申請設定後，名稱確定不再異動，就可以提出申請為認證帳號。

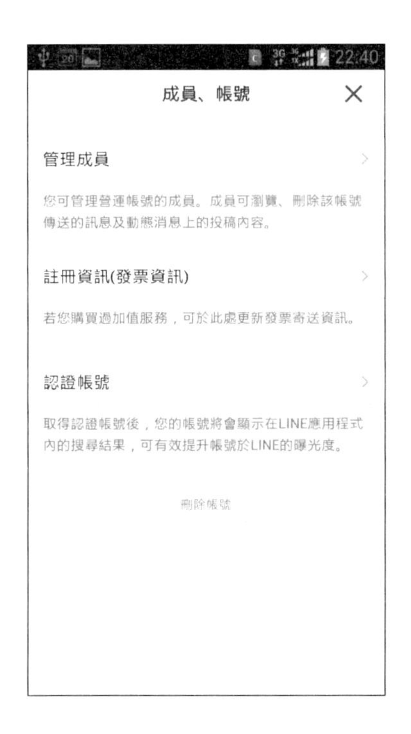

5.LINE@電腦版管理後臺操作及行動網站資料建立：

電腦版網址　https://admin-official.LINE.me/

Step 1

輸入個人LINE的帳號密碼來登入

LINE帳號密碼是什麼?

◎帳號是在LINE中設定的電子郵件信箱

◎在LINE（非LINE@）中依序點選[其他] > [設定] > [我的帳號]就能設定或檢視電子帳號信箱

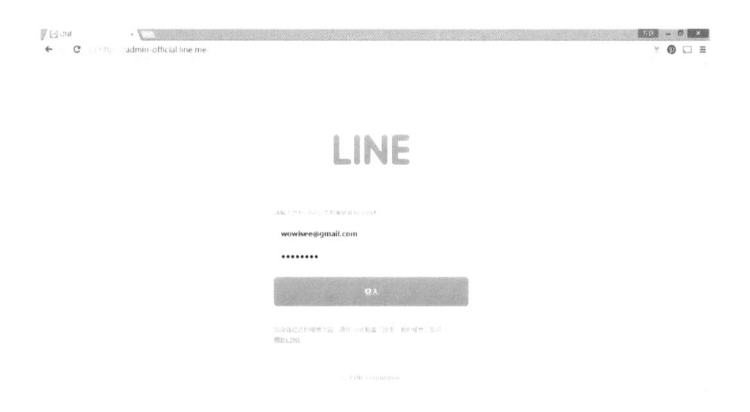

Step 2

登入後，由帳號一覽選擇「簡單生活藍染工作室」LINE@帳號

Step 3

選擇【建立行動官網】>>【基本設定】

行動官網基本設定

基本資訊將會顯示於聊天室內的對話框，以及宣傳頁面的頁首部分。

依資料欄位建立所有資料如下：

1.行動官網照片

建議圖像大小：720×360px以上，3MB以內。

上傳後將可設定圖像的顯示範圍。

此頁首圖片僅能於智慧手機查看。

2.住址

3.地圖（拖曳地圖即可調整位置。）

4.交通方式（最近車站）

5.營業時間（公休日）

6.預算

7.電話號碼

8.官方網站網址

9.設備／服務（備有停車場、全店禁菸、可使用信用卡）

10.介紹用照片

建議圖像大小：720×360px以上，3MB以內。

上傳後將可設定圖像的顯示範圍。

選用一張能突顯帳號特徵的照片，讓用戶一眼就能認出您的帳號吧。

此頁首圖片僅能於智慧手機查看。

11.個人資料介紹文（1000個字）

Step 4

選擇【建立行動官網】>>【建立、編輯內容】

建立、編輯內容

1.優惠券建立

此優惠券將會顯示在帳號頁面中，且任何人都可以於有效期限內使用。

優惠券名稱：

有效期限：

使用條件：（500字）

公開設定：

商品、道具、票券等資訊

2.名稱（輸入菜單或商品名稱等）

可上傳5項產品圖，並且設定聯結到商城或網站。

3.相簿封面照片

可上傳9張圖像，並且可以輸入200字的說明

4.人才招募

建議圖像大小：720×360px以上，3MB以內。

上傳後將可設定圖像的顯示範圍。

人才招募說明500字。

Step 5

行動網站內容完整設定，即可以使用LINE登入查看，內容如下：

圖1　LINE@封面照片下方會出現簡介，點選後即進入行動網站。

圖2　基本資料寫清楚，顧客才能確實找上你

圖3　生動、詳細的簡介讓顧客更快認識你

圖4　優惠券是行銷的一大利器

圖5　特價、促銷一目了然

圖6　漂亮的照片讓內容看起來更豐富

圖7　人才招募一併完成

圖8　結合Google地圖，顧客使用起來更方便

6.LINE@生活圈電腦版1對1聊天與顧客互動更容易！

功能說明：

電腦版1對1聊天，讓你用鍵盤打字回覆好友問題不是夢！在電腦版管理後台，也能使用1對1聊天，讓您更方便、更迅速回覆好友問題！ 網頁版後台登入網址： http://admin-official.line.me/

（不支援Mac的Safari瀏覽器）

電腦版1對1聊天讓您與顧客聊天更加方便！此功能可讓您在電腦上，直接回覆每位顧客的問題，真正達到雙向互動的溝通模式。您可利用此功能做到預約、客服、活動諮詢...等服務，讓每個和您互動的客人都成為您的忠誠顧客。

使用前請先確認以下兩點：

1.使用最新版Google Chrome開啟電腦版管理後台

2.從手機版App確認已開啟1對1聊天回應模式

Step 1

登入電腦版管理後台，進入欲管理之帳號後，點選左上方「1:1聊天」。選擇「允許」，之後，有任何好友傳訊息來，系統都會顯示通知！

Step 2

選擇左下角對話框圖示，點選聊天室，開始與好友聊天！

＊點選右下方笑臉，可使用貼圖；點選迴紋針，可傳送照片喔！

7.決勝一鍵間 錢進大未來 指尖下的溝通浪潮！

在創業當中除了到處參加商展外，如何利用簡易的社群工具來為自家商品行銷？台灣電子商務的蓬勃發展，加速網購的快速成長在實體通路之外，利用電子商務的社群行銷將為創業者創造更大商機。LINE@生活圈可以協助廠商實現創新科技應用與管理的網路行銷工作。而使用LINE@生活圈APP搭配LINE@電腦版的1:1功能，可以快速與顧客互動及客服，更可以提升傳統產業的競爭力，所以只要投入時間進行社群經營，一定會有意想不到的結果及收獲，更可以提升數位落差的能力，如此才是真正的社群及商業經營。

❖（三）傳統通路與網路無縫結合

LINE及LINE@的出現，不止縮短數位落差的距離，也真的落實「O2O」整合「線上（Online）」與「線下（Offline）」，也讓傳統與網路得以無縫結合，而LINE及LINE@的正確使用，我們都應該正視，因為LINE的設計就是以「人際」為出發點所做的社群網路，這也是一切商業的根本。

三、Facebook和LINE交互行銷傳播力無限

根據2015年調查Facebook用戶數幾近14億大關，網路社群的風潮真的是到了高點，當然還是有可能再往上竄升，Facebook是在2004年2月4日由Mark Elliot Zuckerberg和他在哈佛大學室友們所創立，所有使用者必須註冊才能使用，在這裡使用者可以創建個人檔案、將其他使用者加為好友、傳遞訊息，並在其他使用者更新個人檔案時獲得自動通知。此外使用者也可以加入有相同興趣的群組，這些群組依據工作地點、學校或其他特性分類。Facebook不僅向使用者提供分享平台，讓世界更開放，聯繫更緊密。透過Facebook，可與親友保持聯繫，發現新鮮資訊，分享生活故事，甚至找到久未聯絡的老友。

Facebook的溝通平台產生，拉近世界的距離。Facebook的成功要追溯至社會心理學家Stanley Milgram所提出的「六度分隔理論」（Six Degrees of Separation）。「我從某處得知，在地球上，人與人之間只被六個人隔絕，正是這個星球的人際距離」這是舞台劇「六度分離」中歐莎之語，也道出了口碑行銷中的六度分隔理論精義。

微軟的研究人員 Jure Leskovec 和 Eric Horvitz過濾2006年某個單一月份的MSN簡訊，利用2.4億使用者的300億通訊息進行比對，結果發現任何使用者只要透過平均6.6人就可以和全資料庫的1,800百億組配對產生關連。48%的使用者在6次以內可以產生

關連，而高達78%的使用者在7次以內可以產生關連。[5]

這個理論也被稱為「小世界現象」或「小世界效應」，反映在現實的世界上，我們經常與陌生人在深度聊天中，有些時候會發現有共同的朋友，這個世界看起來很大，在某方面來說又非常之「小」；加上社群網路的串聯，人與人之間的連繫與互動使得這個世界極端地平面化，也因為個人網絡的快速串接，在社群網站只用幾個步驟就串連到世界上與你有共同興趣、專長等互不相識的人，每個人都如同是一張蜘蛛網上的一個結點，每個結點都在其他結點連在一起，進而構成世界人脈這張大網。三十年後的今天，這套理論因為同名電影而突然爆紅，從既有學術理論中重新被檢視並加以驗證，幾乎成為科技領域專家套用的普世模型，而以Facebook為首的網路社群就是六度分隔理論的最好證明。

Facebook堪稱是全球最大的社群媒體，也是將「六度分隔理論」發揮淋漓盡致的社群溝通平台，現在也是全世界網友進行大量社會互動的場域，Facebook已經建構了一個完整的社交網路，其中蘊含著許多社交頻譜設計概念，跳脫以往的互動架構設計，在Facebook網站裡面的交流互動，可以跳接到其他陌生領域，甚至和素未謀面的陌生人進行一連串的互動，這是一種類似大眾傳播、一對多的傳播形式，你也可以利用Facebook累積用戶的特性，為你自己或公司建立實體人脈網絡。

對於你或公司而言，Facebook最強的優勢，應在於「粉絲專頁」的建構，粉絲專頁是利用「直接對話」、「迅速回應」、「喜好調查」及「用戶積累」等特性，「快速形成口碑」，創

---

[5] 研究論文於網路上發表http://research.microsoft.com/en-us/um/people/horvitz/leskovec_horvitz_www2008.pdf，線上檢索日期：2015年8月17日。

造專屬於你的消費群，這也是Facebook成功之處，因為Facebook「滿足使用者」需求，包含搜尋、通訊及社交等功能需求，並且不受制於地域、語言、使用習慣等因素，而達到近似「融合」的全球性社交網路。

Facebook粉絲專頁的出現讓我們一般平民百姓能夠輕易的進行網路行銷，使過去的網路行銷產生了結構性的轉變，並且出現了許多創新的手法。

首先你必須積極實踐，這才是王道。如果想要瞭解Facebook社群網站的話，除了親自去使用之外別無他法。登錄Facebook之後要積極地多方嚐試，去親身體驗它的社群威力。當你自己心中決定主題後，一步一步嚐試Facebook社群網站的探索，這是了解社群網站快速門道！

目前Facebook的全球註冊人數已經達到15億人了，台灣註冊人數也突破1500萬人，無疑是全世界最大的社群網站，利用Facebook可以建立個人帳號，也可以使用公司、基金會、品牌、產品、專業服務等名稱開設商業粉絲專頁，在版面設計的自由度相當高，可以加載影片、地圖、問卷、網路商店等各式各樣的功能。而且最大的優點是，即使沒有Facebook帳號也能夠瀏覽粉絲專頁。

Facebook也可以在搜尋引擎中查詢得到，你也可以使用商店或企業名義以粉絲專頁對外經營，和網友做雙向的互動，讓網友透過你設計的訊息深度了解你或公司，並且透過對粉絲專頁點「讚」的網友持續進行交流，甚至跳接串連至其他網友的Facebook網頁，你可以稱為這也是「病毒式行銷」（viral marketing）的一種，一則有趣或實用的資訊，經常如病毒般的快速傳播出去，如果那是你或你公司的產品呢？如果你故意在那則訊息的最後面放在你或你公司的網址呢？有多少網友可以看得到？很難想像吧！

如果說Facebook是「人脈」，LINE就是「人際」。透過Facebook粉絲頁的設立，精準設定推播的地區、年齡層、甚至是希望獲得哪些資訊及興趣傾向，你可以踏著Facebook全球巨浪不斷地推播出去，無限擴展你的人脈網絡。

而LINE則是利用人與人互動與交往，逐步建立人際生活圈，這樣的設計有助於凝聚與鞏固你的忠誠消費者，所有的產品資訊都可以及時地以一對一的方式推播出去，如果你的資訊夠有感染力，每位忠誠消費者再分享出去，你就可以清楚感受到「人際」網絡的無限威力了。

Facebook和LINE一樣，都可以做這類的病毒式行銷，它們都具有「低成本」、「高曝光率」的效益。透過好友的分享和按讚，就可以快速地「散播內容」，只要你的訊息可以抓得住網友的目光，就可以產生像病毒感染力一般的的行銷效果。你要善用這個威力強大的行銷工具，不論你願不願意接受這個事實，現在已經是新的網路超級世代，以往教科書所描述的行銷方式雖然繼續沿用，但是比它們更有效率、花費更少的行銷工具已經大量席捲而來了。

廣告商再也不是扮演著強烈的推動角色，反而消費者的分享是一股龐大的推動能量。Facebook、LINE、WeChat、Twitter就可以達到「一傳十、十傳百」的推廣效果，而且是在任何一個地方，就是在公車上或家裡也可以隨時發送訊息，不需要有固定的辦公場所，你的品牌或產品訊息可以快速地觸及你的消費者，並且自發性將那些訊息傳染給其他的消費者。再次強調，只要你的訊息有被分享的價值，無論是闡述任何的人生觀，或是成功人士的創業心得，或是健康養生資訊，或是你產品的獨特用法或特色等，一定要做到別人願意分享給他們的好友，這樣的病毒式行銷才會發揮效益。

我則將病毒式行銷綜合定義為：溝通管道以「人」文本；訊息發送主導者為「消費者」；行銷成本較低的溝通工具；同時所有的訊息皆易於被複製、製作與轉載，只要能掌握以上特質，病毒式行銷便可產生。

所有的社交通訊產品或軟體，大致包含了免費信息、語音、LBS社交、電話等等，但是在這表面的背後，卻存著產品思維、商業模式、社會文化方面的巨大的差異。

LINE最大的產品特色是聊天表情貼圖。娛樂化和遊戲化的元素成為風靡年輕人的關鍵元素之一。總數超過250種的表情貼圖成為表達心情和交流的最佳工具。LINE的產品採用的是「群體」策略。在迅速發展的同時，周邊衍生產品也快速蔓延，每件商品都是獨立行銷的產品，包含免費通話、簡訊、豐富的的貼圖和表情、背景主題等等，就連周邊應用包括LINE Card賀卡、LINE Camera相機和圖片美化應用、LINE遊戲等數十款應用，使用者只要在同一平台即可享受服務到位的功能。

Facebook和LINE成功的關鍵因素都是植基於「使用者角度」切入，也是建構於真實世界的溝通平台和重要的關鍵，這對於我們一般商家甚至平民百姓而言實在是一個非常好的行銷機會。

我們只要能夠掌握用戶的本質性需求，我們「手機」的共同需求主要還是以解決生活、社會上的問題為關心的課題，所以如果你善用Facebook推廣人脈，利用LINE維繫人際關係，你可以自己就創造一個具有「黏性」的服務，甚至是一對一的客製化服務。

我們不知道未來會有哪個更新更好用的社群App出現，至少我們應該把握當下的Facebook、LINE、WeChat、Twitter等社群App，雙向而交互地使用，讓你的品牌、公司、產品、服務能夠觸及到全世界目標消費者，透過因地制宜的語言設計模式、操作介面，提升了使用者親切的體驗感，這些行銷工具幾乎毫無障礙，皆能快速上手、使用、以及推廣。

四、Facebook Page（粉絲頁）的建立流程及廣告投放

自從Facebook在2004年由哈佛大學的本科生成立，其主要的目的是要藉由網路模式去替代傳統的通訊錄之後，即快速地在美國各大學校流行起來，起初只是限於在學校校園網路參與，所以每位使用者都要有個「edu.」的e-mail信箱才可以註冊。後來由於此社群網站大受歡迎，最終才開放到接受任何電郵地址都可以註冊，這一個簡單的改變就開啟了巨大的轉變，因為只要使用了Facebook一段時間後，一定會習慣上去看看到底有什麼朋友留言或訊息活動上網，這一個簡單的心理需求應該示Facebook快速擴張之賣點及吸引之處，在台灣則是因為開心農場的娛樂效應，讓Facebook的使用者快速成長。

大家使用Facebook許久，因為社群的形成就有了商機，粉絲專頁的出現讓一般人更能夠輕易地進行網路行銷，使過去的網路行銷產生了結構性的轉變，並因而出現了許多新穎的手法。

看到很多人在Facebook開粉絲頁就可以開始做生意，如果你想

要徹底瞭解Facebook社群網站的話，最有效的方法就是親自去使用體驗，不是登錄而已，而是在登錄之後，要積極的多方嚐試，觀摩別人的作法照著去實驗看看，你應該會發現很多推廣新招。

Facebook令人稱道的優點是除了個人帳號之外，最重要的是可以使用公司、組織、品牌、產品等名稱開設商業粉絲專頁，在版面選擇的自由度相當高，而且可以加載影片、地圖、問卷、網路商店等各式各樣的功能。同時在搜尋引擎中也可以查詢得到你設立的粉絲頁，這樣的設計讓網路行銷產生巨大變化；個人工作室、中小企業、甚至大公司連鎖企業都可以公平地在這個社群平台上競爭，當然這也是過去網路行銷很難做到的地方。

一個簡單的「讚」讓你的動態訊息又可以串流到對方的動態，讓對方的朋友有機會看到你粉絲頁的動態訊息，只要你的資訊夠吸引人轉傳，你的訊息傳播的範圍無法想像的大。

在Facebook粉絲專頁與個人帳號不同的地方，就是粉絲專頁看到的是「讚」不是「朋友」

圖片來源：擷取lativ官方Facebook粉絲專頁 https://www.facebook.com/lativ.tw

粉絲專頁可以與網友直接互動的功能有3個，分別為讚、留言、分享，一是網友可以在PO文的下方按「讚」；二是網友可以留言，而粉絲專頁管理者可以直接回覆互動；三是網友可以分享PO文到自己的Facebook動態牆，這3個功能是最實際的網路行銷，而可以實際操作也是最重要的關鍵動作。

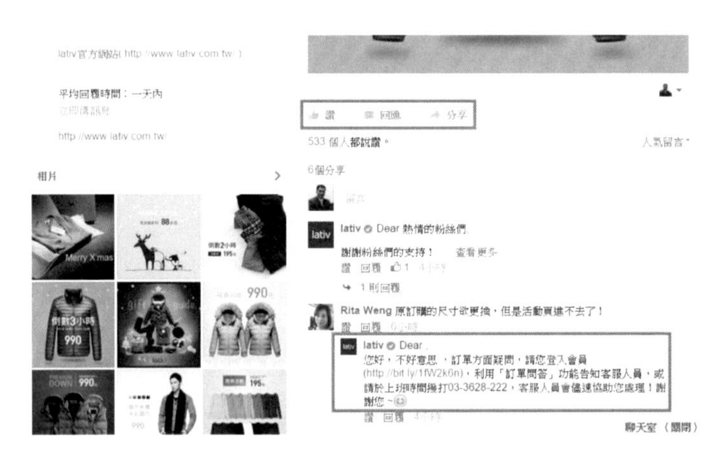

圖片來源：擷取lativ官方Facebook粉絲專頁 https://www.facebook.com/lativ.tw

❖ 建立Facebook粉絲專頁帳號，開始實際體驗

Facebook粉絲專頁的申請是沒有任何限制，只要登入個人Facebook帳號後，登入https://www.facebook.com/pages，點選建立專頁就可以進行註冊：

Step 1

點選『建立專頁』>>選擇『品牌或商品』

Step 2

Facebook粉絲專頁帳號註冊以「簡單生活藍染工作室」為例

選擇分類「服飾」>>輸入名稱「簡單生活藍染工作室」

Step 3

輸入「簡單生活藍染工作室」簡介（最多155個字）

輸入「簡單生活藍染工作室」網址（如沒有網址就輸入LINE@的網址）

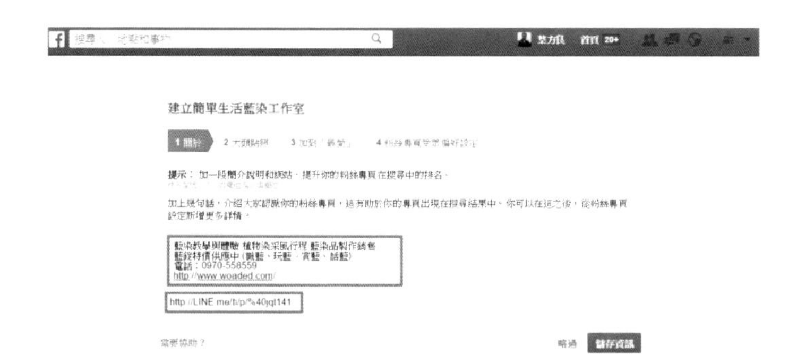

Step 4

從電腦上傳「簡單生活藍染工作室」大頭貼照（像素 180*180）

Step 5

將「簡單生活藍染工作室」粉絲頁加到 Facebook個人帳號的最愛：

Step 6

粉絲專頁受眾偏好設定選擇「略過」（也可以依項目進行設定）

Step 7

完成「簡單生活藍染工作室」Facebook粉絲專頁建立：

❖ Facebook粉絲專頁內容建立，展現你的優點與特色

Facebook粉絲專頁建立完畢，即進行資料及相關檔案的建立：

Step 1

新增「簡單生活藍染工作室」Facebook粉絲專頁封面（像素960*360）

上傳圖片後，請點選圖片，輸入圖片的說明及訊息，完成封面上傳。

大頭貼圖也可以上傳LINE@官方帳號的QR CODE上傳圖片後，請點選圖片，輸入圖片的說明及訊息，完成大頭貼圖上傳。

圖1　完成封面及大頭貼圖上傳

圖2　輸入封面圖的說明

圖3　輸入大頭貼圖的說明

Step 2

在「簡單生活藍染工作室」Facebook粉絲專頁 主頁 點選「關於」

即會出現「專頁資訊」，依各欄位說明輸入資料：

類別（可以變更）

名稱（粉絲會員200人以前，可以變更）

Facebook網址（粉絲會員25人，就可以設定）

（下列資料都可以自行輸入，可以隨時變更）

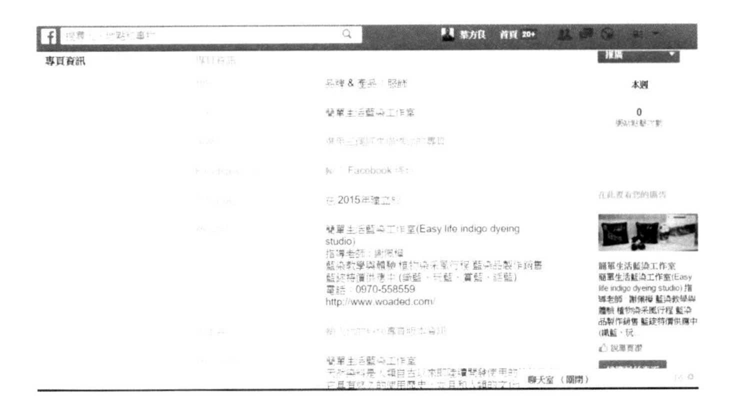

Step 3

主頁PO圖文：

PO一張圖，文則分段，可長可短，文末再留上相關聯絡資訊及聯結。

第一個讚自己按，第一個留言也是自己留，因為如此有引言效果，也是表達PO文者的態度。

圖1　主頁PO文

圖2　按讚加留言

❖ Facebook粉絲專頁的推廣，開始邀請粉絲加入

粉絲專頁的管理者及會員，都可以主動邀請朋友加入粉絲專頁：

Step 1

管理者：在主頁封面，點選右下角（…）出現功能列，即出現「邀請朋友」

圖1　邀請朋友功能

圖2　出現朋友列表，即可進行邀請

圖2　被邀請者的Facebook會收到訊息，可以直接點擊，
即成為粉絲專頁的會員

圖2　被邀請者進入「簡單生活藍染工作室」Facebook粉絲專頁，可以直接點擊按「讚」，即成為粉絲專頁的會員。可以點選「邀請朋友對這個粉絲專頁按讚」邀請你的朋友一起來「簡單生活藍染工作室」按讚

❖ Facebook粉絲專頁的推廣：加強推廣貼文（廣告）

粉絲專頁的管理者，可以針對粉絲專頁的貼文加強推廣（廣告）：

Step 1

進入「簡單生活藍染工作室」Facebook粉絲專頁，在PO文的圖右下方會有「加強推廣貼文」直接點選。

Step 2

進入「簡單生活藍染工作室」Facebook粉絲專頁，在PO文的圖右下方會有「加強推廣貼文」直接點選。

廣告受眾（編輯目標受眾）：

名稱：藍染教學與體驗植物染采風行程藍染品製作銷售（識藍、玩藍、賞藍、話藍）

地點：（可以選擇國家，或是城市）

年齡：（13～65＋）

性別：（男或女或是全部）

興趣：（可以自行設定）

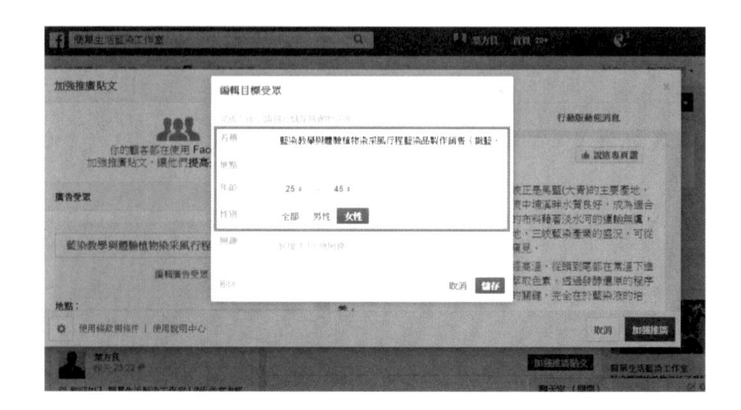

Step 3

廣告受眾設定完畢，往下設定預算和期間：

總預算：NT$（每日最少20元），會自動計算（預估觸及人數）

時間長度：加強推廣（天數）

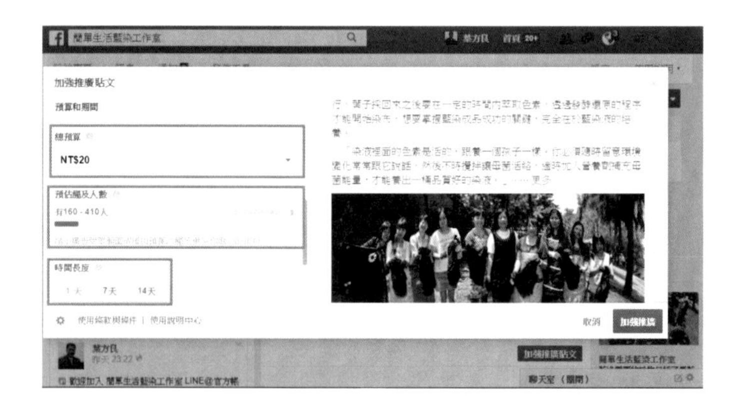

Step 4

廣告受眾及預算和期間設定完畢，往下確定支付款項（使用信用卡）：

支付款項：（使用信用卡）

如未設定，先到個人帳號管理廣告>>可用付款方式>>新增付款方法：

有三種方式：1.信用卡或簽帳卡；2. PayPal；3.Facebook廣告抵用券。

確定支付方式，即可以點選「加強推廣」送出。

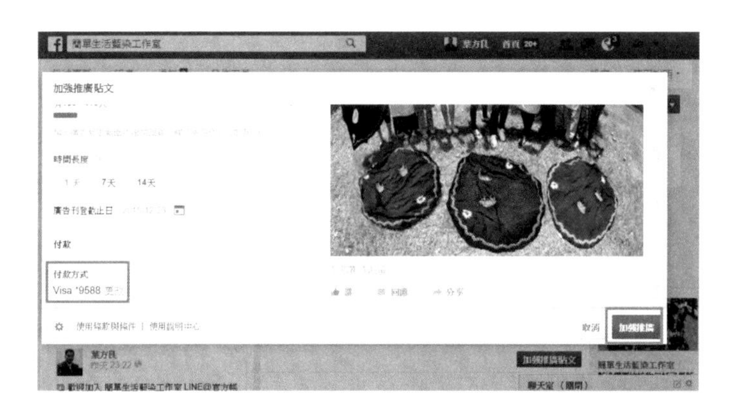

Step 5

你已經送出推廣。我們目前正在審查你的推廣內容，確保一切符合廣告刊登原則。這個過程通常需要15分鐘。

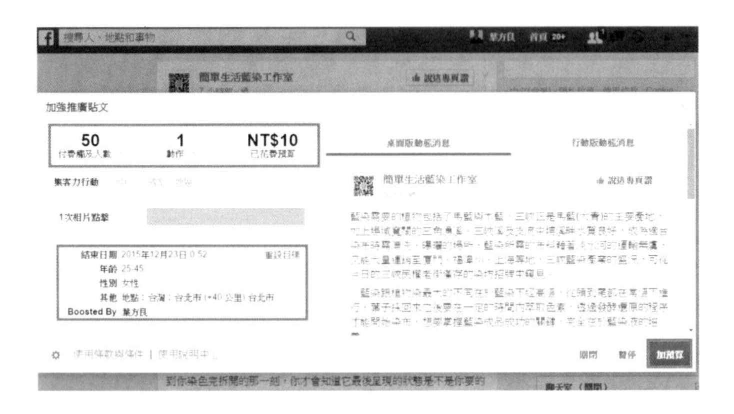

Step 6

廣告已獲批准，會傳到管理者的Facebook訊息，也會傳確認信到信箱。

圖1　Facebook訊息通知

圖2　信箱通知

❖ Facebook是電子商務的最好幫手

Facebook是電子商務的最好幫手，可以輕鬆且無國界的進行人際及人脈，更可以透由Facebook Page（粉絲專頁）進行一切的商業運作及網路貿易，而如何去達成效益，則是要實際且用心的方式來進行，唯有明白整體的整合應用，必能有美好的遠景，謝謝。

五、個人帳號如何創造出病毒式行銷

肯特．渥泰姆在數位行銷一書中曾說：「病毒式行銷是透過說服消費者傳遞訊息或產品給他人進行行銷活動，一個病毒（好比流行感冒）會刺激宿主產生行動（例如打噴嚏），藉此再傳染給其他容易感染的宿主。成功的病毒式行銷提供消費者想要分享的事物（也許是一小段很古怪的影片），往往以免費的型式出現，只要內容剛好，大家會將它傳給自認會欣賞的人，因為而得以快速散佈。

在過去數位行銷的業者及講師最喜歡用病毒式行銷來形容電子商務的行銷模式及效益，只是從來都不曾有過，一般人就可以進行病毒式行銷的方法，因為所需要的專業及功能都不是垂手可得。只是當LINE在2015年3月增加了個人PO文時可選擇「向所有人公開」文章的選項後，讓人人都有能力進行病毒式行銷。

過去筆者協助洪漢祐老師（朋友數500人）PO了一篇圖文，所產生的效應便是病毒式行銷最佳實證，因為在短短的1個月內此篇文章就創造出超過20000個分享數及超過6000個按讚數，這一切都是LINE建立的人際關係，讓病毒式行銷的效用得以發揮，如此更能體會數位行銷的威力。

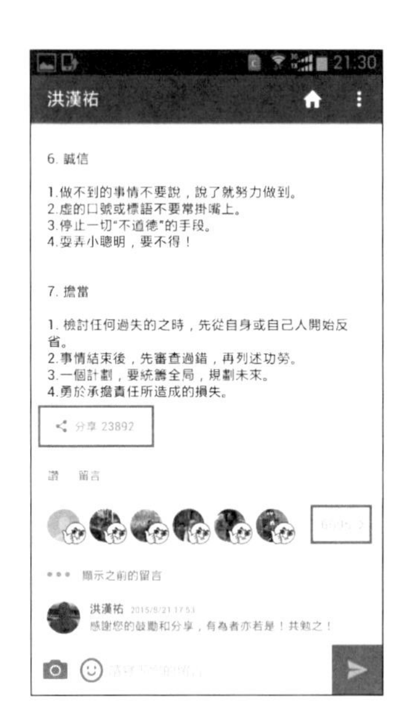

❖ LINE群組的應用

關於LINE群組的部分，大家在使用上肯定都不會陌生，只是你現在的使用方式是不是有點抓不到頭緒，苦心經營，結果又怕被惡意使用者「翻群」或是淪為廣告貼文區。但是為什麼如此好用的LINE群組，會讓人又愛又怕，所以你一定要了解群組的真正使用方式。因為LINE群組內的所有成員都是具有同等的管理權限，因此LINE群組是必須由群組內的每一位成員共同來維護的，當成員是隨意邀請，彼此根本沒有共同理念，也沒有共識的情況下，這個群組，肯定會成為負擔。

事實上群組如同公司會議室，亦或是同學會，也或許是同一部遊覽車的旅行團，更可以是個人的資料庫，因為群組除了聊天功能，也有記事本、相簿及其他管理功能，如果能先了解群組的架構，那使用起來就會得心應手，事半功倍。以下依使用需求的不同，使用群組的方式來進行說明：

個人備忘錄

使用LINE的朋友，最大的困擾是訊息、圖文太多，有好的文章或是資料想要保存，卻不知如何收錄，這時候只需要建立一個人的群組，不需要邀請任何人，只做為個人的備忘錄群組，更可以依不同業務或是需求，建立各式各樣的一個人群組，收錄想要保存之資料或圖文影音都可以，唯一要注意的是在聊天功能的圖文影音，都要存入記事本才能永久保存，大量的圖片就使用相簿。再搭配LINE的「Keep」儲存檔案（儲存容量上限1G），如此使用，一定可以讓大家得心應失，資料再也不會丟三忘四，業務推廣更為便利。

公司會議

開會最怕的是資訊傳達不清楚，也會因為討論的內容過於繁瑣而讓會議進行效率不彰，更大的狀況是應參與會議人員不克參加，雖然有很多方式可以讓會議進行，不管是視訊或是線上會議等，但是除了成本考量，更大的是時間成本及效率。

運用LINE群組來建立會議室的流程

Step 1

會議進行前，會議主持人建立群組，取得群組QRcode及邀請網址。

Step 2

將會議討論內容及圖表資料在群組記事本建立。簡報內容轉成圖檔，建立在相簿內。

Step 3

製作會議邀請函，將群組QRcode及群組網址附上，邀請與會人員加入會議群組，使用掃描QRcode或是點選群組網址。登入後進入群組記事本，先行了解議程，也可以上傳相關會議資料，會議當下的記錄及相關內容，也都可以使用群組做為記錄，如此必可讓會議更具討論空間，凝聚共識，也讓會議主持人可以充分掌握議程，主管也可以從內容了解，會議的決議及過程。

Step 4

使用LINE群組來做為會議室，依照會議程序進行，肯定會明白，原來群組的功能用於議程是如此方便。

辦理活動、課程

無論是旅遊、課程、或任何活動，都有報到及現場通知及互動的需要，如何快速報到及通知，更或者傳圖文影音或是檔案就很重要，一個LINE群組最多為200人，所以可以依人數來建立數個群組，每個群組都有負責的小組長及所有群組的總管理者，如此不管是在橫向溝通或是垂直整合都不會有問題，從數人到數千人的活動，只要手機版的LINE再搭配電腦版本的LINE來使用，都可以在短時間內完成訊息通知及提供各項所需資料或是檔案

運用LINE群組來辦理活動、課程流程

Step 1

活動、課程進行前，由主辦單位建立群組，依參加人數決定分組及每組人數，取得各群組QRcode及邀請網址，並存入群組記事本中。

Step 2

將活動、課程內容或行程資料在群組記事本建立。相關簡報內容轉成圖檔，建立在相簿內。

Step 3

製作活動、課程簽到表，將群組QRcode及群組網址印在簽

群組QRcode

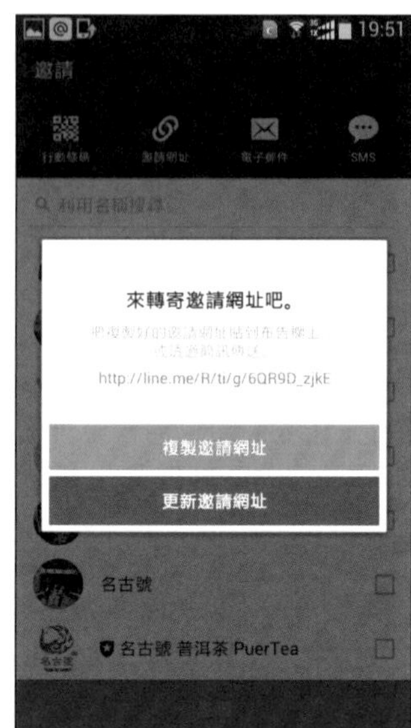

群組邀請網

到表。活動、課程開始由各組小組長引導參加者報到簽名，並使用手機LINE加好友的功能，拍攝QRcode進入群組完成報到，進入群組記事本，先行了解活動、課程議程，總管理者可以充分掌握流程，小組長也可以隨時告知組員各項事項。

Step 4

使用LINE群組來做為活動、課程使用，在活動進行中或是結束前，可以將LINE@官方帳號的加入方式，充分的表達讓參加者來加入，這樣的引導方式，也強化了加入LINE@官方帳號的成員，都是因為信任而加入。當然也是可以透過活動、課程成為推廣LINE@的方法。

以上只是群組使用方法中的部分案例，群組在社群經營中，具有很重要的功能，因為人際互動從群組經營是最快的，只要用心及有系統有步驟的來建立並且經營，群組除了可以讓人際更廣，也會讓LINE@官方帳號的推廣，更具效率。

❖ LINE@行銷案例

（一）【文創業者】LINE@盛鐸電商文創（o2o）

盛鐸電商文創股份有限公司是一家電子商務經營以及文化創意商品開發公司。公司也是客家委員會輔導的客家特色商品廠商，目前除了電子商務平台經營，公司主要商品為臺灣紅茶Taiwan Black Tea（金萱－台茶12號）及臺灣原生牛樟精油－巧彫樹輪皂。

臺灣紅茶Taiwan Black Tea（金萱－台茶12號）：南投縣名間鄉松柏嶺茶區所生產的紅茶，香味清新，早期客家族群因耕地不足，基於經濟考量，遷徙至此學習種茶、焙茶技術甚多，故有「逢山必有客，逢客必有茶」之說。配合創新萎凋技術，以熱去水淬鍊出穩定茶質，未嘗茶韻，先聞其香，沖其沸水，色澤橙紅，婉約茶韻，一探舌尖生花奧妙。

臺灣原生牛樟精油－巧彫樹輪皂：樟樹因用途廣，在日據時代是極具經濟價值樹種，是客家人主要的經濟來源，牛樟木豐富的松油醇精粹出高純度「牛樟精油」結合在地生產的天然皂塊，所研發出「臺灣原生牛樟精油－巧雕樹輪皂」，化為客家風華與世間人分享。

23:32
盛鐸電商文創(o2o)
聊天
推薦
主頁

23:23
盛鐸電商文創(o2o)
盛鐸電商文創(o2o)
臺灣紅茶 Taiwan Black Tea(金萱-台茶12號)
南投縣名間鄉松柏嶺茶區所生產的紅茶，香味清新，早期客家族群因耕地不足，基於經濟考量，遷徙至此學習種茶、焙茶技術甚多，故有「逢山必有客，逢客必有茶」之說。配合創新萎凋技術，以熱去水淬鍊出穩定茶質，未嘗茶韻，先聞其香，沖其沸水，... 顯示更多
2
2

盛鐸電商文創(o2o)
@online2offline

（二）【學術單位】LINE@臺灣客家產業經濟暨創新創業研究中心

國立高雄第一科技大學管理學院臺灣客家產業經濟暨創新創業研究中心整合管理學院之教師與設備資源，並配合客家產業經濟暨創新創業相關學術研究，創造管理學院在客家產業研究與教學之特色，同時，透過本中心的建立，不僅提供客產創業正式的培育管道，厚植客家文化人才培育及群聚創新之構想，更利於彼此互相學習與精進的管道，提供臺灣客家產業經濟暨創新創業相關之人才培訓、經營輔導及創業育成，達成協助臺灣客家產業經濟蓬勃發展之發展利基。

為提升客家產業經濟及客家特色商品之市場競爭力，本中心規劃辦理「臺灣客家產業經濟及特色商品網路應用暨行銷推廣計畫」，希冀透過計劃執行，讓學生以有效的產業思維和創新創業觀念，結合網路科技技術，將可鼓勵與促進學生的創新概念與創新研究實力，不僅能創造客家產業多元商機，深化創業育成服務，厚植客庄產業培育成果，以塑造客家文創產業發展，提升客家特色商品能見度，開創客家文化產業新價值，同時也讓本校學生增加實務經驗及學術、產業間相互合作、交流之機會，考量雙方需求層面，將學術理論與客庄產業電子行銷服務之相關經驗結合，使雙方獲得互利互補之機會，促進客庄產業發展成果，提升學生未來進入產業潛能及競爭力。

客
家
臺灣客家產業經濟暨創新創業研究中心
詳細資訊 | 住址,電話號碼等
臺灣客家產業經濟暨創新創業研究中心
創業班
162小時免費培訓
學員募集中
創業班 162小時免費培訓 募集中

臺灣客家產業經濟暨創新創...
實現你的創業夢
實現你的創業夢
2015 客家產業創業培訓課
程 (第二期)

臺灣客家產業經...
@xfj3669r

（三）【通路平台業者】LINE@晟人億國際（股）公司：好客 HAOKE

客家人的本色，一切都是客，也一切都為客！因為擁有這種真誠的好客精神，客家人將硬頸典樸的精神融入在工藝禮品中，將熱情良善的精神包裝在生活用品裡，用自然濃厚的鄉情打造出客家的特色美食，秉持傳統同時結合現代潮流趨勢及市場需求的設計理念，開創客家產業發展的新價值。現在，手工精緻的客家鹹豬肉、私房美味的鳳梨醬、古風優雅的創意藍衫、大地孕育的有機好米，將透過 好客（HAOKE）網路商城等各式通路，和每一位消費者相遇，邀請大家一同體驗樂活又具創意的客家好生活。

（四）【社群行銷　資訊服務】LINE@網軍電商股份有限公司（iBeacon）

LINE&LINE@電子商務社群行銷新商機，在創業當中除了到處參加商展外，有無想過如何利用簡易的工具來為自家商品行銷？

台灣電子商務的蓬勃發展，加速網購的快速成長，在實體通路之外，利用電子商務的社群行銷，將為創業者創造更大商機。

非學不可Line@商業經營你不可不知道的祕密

LINE@生活圈，讓你與顧客及粉絲更靠近，LINE@生活圈是一種全新的溝通方式，讓您與廣大顧客及粉絲成為「LINE好友」。

不論是企業、店家、甚至是個人，都能藉由您的專屬帳號與好友互動，串連您與好友之間的生活圈。

1:44
詳細資訊 | 營業時間,住址,電話號碼等
網軍電商股份有限公司 (iBeacon)

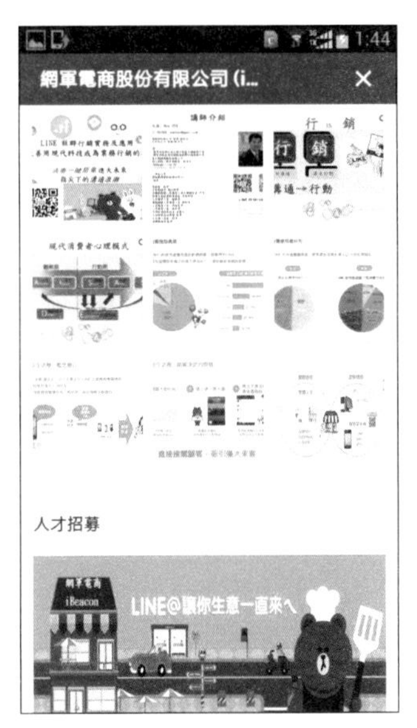
1:44
網軍電商股份有限公司 (i...
人才招募
LINE@讓你生意一直來ㄟ

網軍電商股份有...
@ibeacon

創業，你準備好了嗎？

／原來

你會看這本書，大多數和時尚產業有關聯，對於網路行銷感興趣，你或許現在就想要創業，因為時尚產業很多的產品的成本很低，甚至可以去工廠直接切貨，加上網路建立粉絲頁或企業網頁，你要馬上創業是非常可能的。

創業，你準備好了嗎？你覺得很興奮嗎？

先冷靜一下，有很多事在本書第二章已經提過了，本章使用另一種方式和你溝通，你現在準備一支鉛筆，你可以回答以下的問題就在右邊空白頁面旁邊打個記號，或是畫個問號，或是寫一些你目前的想法等等。

本章不分章節，寫很長，一氣呵成，你可以慢慢看，做筆記，思考你自己現在的狀態，只有你自己深刻了解，培養出一股想要往前衝的信心與動力，你的未來才有成功的可能性。

再次提醒，這章你要看得很慢，拿一支筆一邊思考一邊寫在旁邊，全部看完後，把你的想法寫在最後面為你留一張空白的品牌行銷企劃架構圖（如下圖），這就是真正屬於你的事業。

建構屬於你自己的品牌行銷企畫架構圖

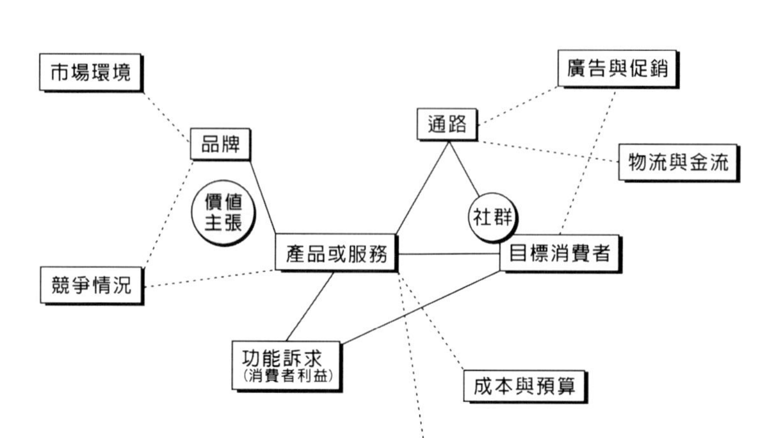

你產品的目標消費者是哪些人？

高級訂製服、成衣、環保服飾，消費者都不一樣，購買的動機和理由也都各有不同，甚至目標消費者喜愛的款式也不同。

你腦中可以清楚地想像出來嗎？

你可以在30秒內說清楚你想要賣給誰嗎？如果你想得清楚，你一定可以在30秒之內描述清楚；換句話說，如果當你聽到你未來的合作夥伴光是一個目標消費者就要講五分鐘以上，你自己就要知道，這生意不要做。

他們喜歡什麼？他們經常去哪裡？他們最瘋狂追逐的事物是什麼？

你的目標消費者需要什麼？你產品的特色剛好可以滿足他們嗎？就像你的目標消費者是30歲以上的女人，她們最需要穿上衣服顯得更為年輕有朝氣，你就可以根據30歲以上的身形變化狀態，透過色彩和款式遮掩缺點並強化優點。

你可以在30秒之內說出你產品的特色和消費者的需求嗎？

1秒鐘可以講3個字，30秒90個字之內你要表達清楚，這個很重要，這個關鍵的30秒，讓人聽了就很清楚而心動的30秒，你可以在電梯裡面說服老闆，你可以在機場和客戶一個簡短的見面時讓客戶心動，你甚至可以傳簡訊給朋友募資，一句簡短而清楚的創業構想，其威力可以非常大。

日本旭山動物園從遊客稀疏到爆滿，就是一個非常簡單的企劃構想，如果你說動物園就是「傳達生命的光輝」，有感覺嗎？

在將溝通語言的層次拉低一點，「從型態展示變成行動展示」，從關在籠內看動物的型態變成讓動物行動，因為「動物就該是會動的生物」，所以旭山動物園的企鵝遊行，讓遊客排成兩旁看企鵝從你面前散步過去，就成了賣點！（這段文字只花89個字，剛好30秒，你就心動了！）

你對於你的目標消費者喜愛的產品款式圖案造型等很清楚嗎？目前你的競爭品牌正在熱賣哪些系列產品？

如果你或你的夥伴支吾其詞，或是顧左右而言他，你們根本不是這行業的人啊！怎麼去創業呢？越是位居公司高層的主管越認真求知，對於市場的任何動態都非常清楚，越是在低階工作的員工只是知道皮毛，你如果要創業，你知道這個行業的現在動態嗎？你知道生產這些產品有哪幾家工廠的品管最好嗎？你知道這幾年消費者在選產品款式設計有什麼些微的變化嗎？

一講到你想要做的產品，這個行業的所有事情，你可以滔滔不絕地講出有內容的話，長達兩小時？

你有列出目前在你這個產品市場上消費者最喜愛的三個品牌

的特色與優勢嗎？你有收集他們的產品型錄，他們在網路上播放的影片，他們的海報，他們的店面陳列裝潢等資料嗎？無法拿到真品，拍照也行啊！

你有做一個表格，將你的產品和其他品牌的產品做比較，任何一個地方做比較，你的產品和其他品牌相比，你有哪些差異？優勢？特色？任何一個小地方都可以。

你的優勢可以只是一個很特別的代言人，例如你的老闆就是外國人留著鬍子，或是你剛好認識超級巨星；你的特色也可以只是一個口號或訴求，例如全部採用自耕農提供的香草或食材，或是特別為哪些族群的哪個需求設計；你的訴求也可以說只有你願意花大錢買一套產品生產必須的設備，因為它可以提升你產品的品質，因為其他品牌不願意另外花錢買，只有你最重視品質等等。

你只要找到一個小小的說詞，不一樣的講法，和其他品牌的特色與訴求不同，然後你就可以「小題大作」，強化、強調，再加上一些誇張的創意表現，讓你的目標消費者知道你的產品是很特別的，也很有型。

你的品牌名稱想好了嗎？一看到就可以唸出來，而且很好記嗎？你有給身邊的朋友看，他們第一個感覺是什麼？你有仔細觀察他們的反應嗎？

我有一位紡織客戶他開一家日本料理店，他對員工的要求就是品牌名稱要有數字，因為他認為有數字比較好記，所以他的日本料理店的名稱是「七里」，再以七里這兩個字去問日本人日本的讀音做為英文品牌名稱，沒有任何意思或是意義，但是我去吃過一次以後，再也忘不了了，因為的確很好記。

很多原住民同胞在思考自己的品牌名稱的時候，很喜歡使用自己的族語，這的動機可能是要表示這個品牌的來源正統性，可是我一看就很難記住，他們都會解釋這個品牌名稱就是代表漢人的哪個意思，問題是，我身為一位消費者，我一看到那幾個字湊在一起，我無法理解，也很難記住的情況之下，我怎麼會對這個品牌有好感呢？我個人經常的情況是，隔天我就記不住了。

假設這個族語的意思是大拇指，倒不如將這個產品的品牌名稱登記大拇指或類似新詞，然後在適當的地方寫這個族語，以表示這是原住民的產品，要記得你的目標消費者是誰，你要賣給他們，你要讓他們記住並且喜歡你的產品，這才是真的。

每一個行業有自己的品牌命名的特性，上述的餐廳數字只是舉例，不適用於任何品牌，品牌名稱要好記好唸才是我想要表達的重點。特別囉嗦與再強調一遍，你要拿給「一般消費者」看你的品牌名稱，不是你自己的哥兒們，而是你個人認為他們什麼都不懂，程度很低的消費者，如果連他們都覺得很好記好唸，這個品牌名稱就有機會廣為人知了。

你看著這個品牌，如果它是一個人的話，你希望它成為什麼樣的人？什麼個性的人？你可以描述得出來嗎？這樣的「人」（就是品牌個性）可以讓你的目標消費者喜歡嗎？

接下來就交給設計人員去設計出你想要的「個性和感覺」的品牌商標樣式吧，只要你的設計指令夠清楚，專業的設計人員應該可以達到你的目標，大部份的情況是你的目標與要求講不清楚，就請設計人員自由發揮，之後，再看。

這不是做「美」、「藝術」的事情，設計是一個有目標與任務的藝術行為，一個商標不是只要設計得美美的就過關，要有該行業的特質，也要有你想要表達的個性或感覺。如果你無法體會我這段話，你只要自己去蒐集與分類，餐廳、音響、主題樂園、建築公司、玩具、飲料、汽車、保險等行業，甚至大學也有自己的商標，每一個行業的商標全部放在一起，你會發現都有一些共通的感覺，而在其中當然有個別的差異；然而，不同行業之間的商標設計感覺一定不一樣，音響行業的商標大多弄得很理性，因為他們至少要強調科技感；食品、飲料、餐廳一定要設計出好吃的感覺，這些都是通例與原則。

所以，你產品的商標想要創造的個性，設計出來的感覺，你自己可以抓得精準嗎？如果你沒有把握，那，就使用大家經常使用的秘招吧，就是去看類似產業他牌的商標設計，採取他們的設計特色或形式，套用在你的商標設計，由於是類似行業，所以你所設計出來的商標，加上你個人設定的差異化特色，應該不會有仿冒混淆之嫌。千萬不要去找自己的競爭品牌，去做些微的改善，因為這不僅有商標混淆的糾紛與訴訟之虞，就是消費者一看到你的商標和某知名品牌商標雷同，你的商標馬上就會被貼上山寨的標籤，反而對你的評價馬上拉低。

你的商標去登記了嗎？從申請到取得商標證書至少要一至二年啊，你有先做商標申請的動作嗎？我有一位西服朋友問我商標，他做了30年卻沒有去登記，我一上網查，乖乖，有一百多家廠商分別登記在不同類別，那他這30年為什麼沒有事？一般的情況是，他沒有名氣，或是只做地區性的工作，所以商標所有權人沒有發現他；另外一個情況可能是他還不夠大，商標所有權人還在等，等他變成全國知名品牌之後，再來進行賠償損失的金額比較多。

現在是商標與專利戰爭的時代，做任何產業這個商標申請一定要先做，否則你的事業全部都要推遲一年以後，等商標證書下來之後，你才能開始穩健地開始你的事業。

不是只有商標名稱要去登記喔，還有你的公司名稱，你的網址，社群的名稱及網址，這些都需要細心地逐一處理，讓整個行銷網都建立在同一個品牌形象上。

你的資金夠嗎？一開始創業的時候，通常都是進少出多，有一些花費是必須事先要投資的，光是商標和專利的規費就不少了！開發產品的打樣費用，第一批貨的貨款，設計費，包裝印刷材料費，甚至還有為了開發獨特配方的多次修改設備、開模等費用呢！

你有支持你的朋友嗎？你經常往來的銀行認同你的創業計畫嗎？因為當你資金緊俏的時候，你絕對需要朋友或銀行的支持，但是在這之前，你要自己先說服自己，你對於這個創業計畫信心度有多少？你真的看到了商機了嗎？當你向他們解說你的想法，他們的眼神是什麼表情，眼睛一亮還是眼神無光？

你有相關產業的人脈關係嗎？做任何一件事情，絕大多數的情況無法一個人獨力完成，你一個人是可以自己去想商標名稱，設計包裝，自己搞不好有工廠可以製造產品，但是你有印刷廠嗎？你有通路嗎？你自己就是攝影師嗎？一個事業是大家通力合作完成的，如果是一家大公司，是各部門通力合作，如果是你一個人創業，是你的人脈共同配合支持你。

人脈，找人，要記得找對的人，不是開價最便宜的人，你可以用將心比心、將本求利的觀念套用在任何人身上，任何人對於你的產品條件要求所開的價格如果低到一般的行情，或是你一直死命地殺價，那樣的價格幾乎沒有給他任何利潤；請問，未來你的原材料的品質會不會出問題？會不會偷工減料？經常見到的情況是，第一、二批貨一定沒有問題，之後，慢慢地品質會降低，在某個時候，媒體就報導你產品的黑心問題了。

你的協力廠商老闆的人格特質反而是最重要的，我曾經買一套布沙發，在賣場現場看完以後，等到沙發送到之後，我發現那布沙發的紅色顏色和賣場所展示的有差異，當下我就去廚房拿一個毛巾沾濕，在布沙發紅色部位擦幾下，果不其然，毛巾有紅色染料，色牢度不足，沙發老闆馬上打電話給工廠，他們為了降低成本，換了另一家布料工廠，價格低的布料，其製程與用料一定要放棄一些標準流程與品質，這幾乎是不變的道理。

你找到對的人，認真而誠實地按照你的條件去生產，長期以往品質不變，成本當然會貴了一點，但是從長期的立場來看，你還是賺錢，因為你不需要花很多心思與精力在產品上面，你反而可以專心處理品牌與行銷的繁雜工作。

大多數的人都是將精力放在和原料商、工廠老闆殺價，或是追求品質還可以，只要便宜的貨，想要讓自己的成本降低，讓自己能夠賺更多的錢，或是讓自己的產品能夠賣得更便宜，這樣的心態與現象幾乎是常態，而且是到處都看得到。

一個產品必要的品質與成本是一定的，低於這個價格，一定是有問題，根據2013年10月28日中央社記者韓婷婷的報導，味王總經理陳恭平表示，通常純釀造醬油成本就超過40元，如果售價低於40元，肯定不是純釀造醬油。

一瓶起雲劑一般都是多少錢？在飲料界上游廠商應該都知道，有一家廠商賣得特別便宜，你是很高興，還是起疑？

你產品的品質很好，但是比其他品牌貴一點，你可以講得出貴的理由嗎？如果你講得清楚明白，消費者在30秒內聽得懂，他們還是會買你的產品。

重點在於你的表達清不清楚，例如我一位台南朋友做無患子手工香皂，她的品質非常好，我覺得她足以打動我的是：她熬無患子熬了三天，全部萃取，不用化學藥劑萃取。這三天的時間成本，讓我只想當消費者，不想學。

如果她清楚說明熬三天無患子，因而稍微調高手工香皂的價格，我相信你也會買的，因為有機無化學藥劑，全人工做的香皂，值得。

行銷，經常都是在你忽略的地方出事，你長期忽略財務，或是原料，或是製程標準化，或是人事，那個地方就是你未來的致命點。

無論是尋找股東，雇用人員，或是請協力廠商生產，找到對的人很重要。

這時候，你要從消費者的立場來思考，或是你自己要想像你就是那位目標消費者，如果你真的無從想像，那麼你就邀請十幾位你未來的目標消費者一起來討論，這就是焦點團體座談法，讓他們看你的品牌商標設計、產品設計、功能訴求，甚至展示你的海報、廣告影片等，或是未來要在店面陳列裝潢的設計圖，讓他們實際觸摸試用，實際感受，當場分享心得。

你也可以在這個場子裡面，另外把競爭品牌的同質性產品也擺出來一起陳列，讓他們去比較，有時候他們的意見非常珍貴，因為這是直接和你目標消費者對話，你就是為他們而設計產品的啊！

只有事先做嚴苛的考驗，不斷地改良，做到開幾次會都沒有人有意見，一般消費者都稱讚，你產品行銷的成功機率當然大增。如果你有時間的話，真的鼓勵要這麼做，試想，你要匆促成軍而敗陣，還是縝密行事後才上陣，從此一帆風順？

通常，品牌和產品設計的評估方法，使用最「低階」的比較方法反而是最有效的，當你的設計人員拿出他設計的品牌和產品，而且經過你個人初步的認可之後，就將這個品牌或產品擺放在桌上，和你的競爭品牌或產品並列，比較看看，當下你和設計人員就有答案了。

接下來，第二關，將產品直接拿到通路上，例如跑去便利商店、超級市場、或是百貨專櫃，徵得熟識的店長或店員同意，你將產品直接放在商品陳列架上，旁邊所擺放的正是你的競爭品牌，因為未來你的產品就會在那個位置出現，在那個場合之下，你和設計人員應該有答案了吧！這是最實際有效的方法，但是，好像很少人使用，有些公司甚至只有在會議桌上大家看了很舒服就決定了呢。

所以，你自己知道你的目標消費者是誰了吧？你就應該知道這些人經常去哪裡逛街，看什麼樣的節目，上哪些社群網站，甚至經常去哪裡聚會，那些有形或無形的「聚會場合」就是你廣告投放的地方，是你花費廣告預算的地方。

你要說什麼話呢？一樣，一秒鐘說三個字，在30秒的廣告內你頂多只能講90個字，扣掉起頭的氣氛以及片尾的品牌露出，一般我都是寫72個字左右而已，這麼少的文字配合聲光表演就要說服消費者去買車子、洗衣機、按摩椅等產品，所以訴求的聚焦很重要吧！

一般而言，我在引導學生寫有效的廣告文案，會先請學生想像自己是業務銷售人員，想像面前就是你的目標消費者，你要怎麼去介紹你的產品，你當然是講這個產品的功能及特色剛好就是合乎他們的需求啊！你應該可以講兩三分鐘的話吧，而且還加上動作的指引。

你剛剛介紹產品三分鐘的話都寫下來吧，去掉一些贅字，應該留有一些關鍵字，再去精簡它們，並且加上一些創意的語言結構，就是一句有效的廣告標語或文案了；標語不怕多，在30個字內都可以接受，因為30個字讀者只花五秒之內就看完了，只要這30個字寫出來就可以吸引讀者想要繼續看另外有兩三段的文案，值得了！

廣告標語（catch）很重要，試想你在開車，偶而看到路邊的招牌，頂多只有三秒鐘；你在看網頁，偶而旁邊有廣告；你在翻雜誌，總是會翻到廣告頁，那段文字如果可以吸引你注意，你就會注意看到了。

現在換成你是廠商，你好不容易花了一大堆錢，好不容易將你設計的產品廣告「遇到」你的目標消費者，你總希望能夠讓你的消費者一看到就心動吧，能夠心動的因素不外乎就是切合他們的需求，需求有很多種，有形和無形的都有，可以節省時間，可以覺得很安全，可以感到很有尊榮感，可以顯示自己的身份，可以讓自己的親人感到高興等等，都可以，只要專注一個訴求焦點，運用創意強調它，善用合適的圖片表現它。

你再退後一點，看一下你的品牌、產品、廣告，這一個組合的感覺都一樣嗎？然後你再退後兩步，加入你的競爭品牌，你比較這幾個組合，你的品牌有差異化嗎？消費者可以很清楚地認知到你和其他品牌不同嗎？

這個時候你還沒有正式銷售，切記，凡事急著想要上市，成功機率一般都很低，因為每一個關鍵要素都還沒有想清楚，匆忙上市到最後只會獲得一大堆的客戶抱怨，同時也會增加重新改版的成本，更糟的是目標消費者一開始就失去信心了，更遑論去看你第二版的新品。

這是一位通路經營業者長期處理業者的經驗告訴我的，她勸我寧可在產品正式上架前速度慢一點，將每一個細節都做好，分別不同的人看了都覺得很心動，沒有什麼缺點，這樣不僅日後不必再改版，更可以花更多的心思在行銷推廣上頭，雖然上市的時間推遲了一些，是值得的。

如果你產品的上市時間真的很緊，你花在產品改良再改良的「完美」心態一點也不能改變，就是將這個時間緊緊地壓縮而已，每一段時間都抓緊，最終上市前還是要做到最完美的狀態。

你的產品所有訊息都準備好了嗎？產品照片，產品說明，產品影片，還有先準備一大堆文章，並不是全部都講產品有多好，而是寫一些消費者感興趣的話題，當然，到最後還是會技巧性地導入你的產品；拍影片也是一樣，除了產品的使用介紹之外，也多拍一些有趣的話題。你的產品相關資料準備的越多，日後就可以按照進度做好行銷推廣的工作，而不必每次都在趕，都在想辦法擠出創意。

你的目標消費者不了解你，也不了解公司的所有人物，他們看到的就是你提供的產品照片，甚至模特兒，你提供的一些圖片也會有機會打動消費者，去相關的網站購買圖片，不要貿然地使用未經授權的圖片，以避免無謂的著作權糾紛。

現在你應該準備好了吧！

你可以寫產品企劃書向每一個通路提案，只要你打電話循線找到該通路（便利商店、超級市場等）該產品類別的採購承辦人員，只要你說明你打電話給他的目的，你所收到的第一個回應，絕大多數都是請你先傳產品簡介和企劃書給他們評估；在大多數的情況下，只要你一直堅持著產品的品質，而不降低應有的材料與製程的成本，你能夠提供的廠價一定比較高，也就是說，你的產品一定比現在通路上陳列販售的產品還要貴，如果你沒有獨特的差異性，通常你不會收到任何回覆的。

這是目前通路的現實，幾乎每個地方都一樣，先以價格為決斷的依據，而忽略了品質，所以，在便宜更便宜而寵壞消費者的市場行銷戰當中，有很多廠商為了低價不僅降低品質，甚至嚴重犧牲自己應有的利潤，所造成的結果就是重視品質的中間價位的廠商快要不見了，因為消費者無法認明品質的差異，價格幾乎就是他們判斷的標準；另一端的高價位精品品牌仍舊可以生存，因為他們的價格區帶與平價品本來就不同，而且消費者購買精品不以價格為唯一的決斷標準。

U字型的消費趨勢，極低價的淌血廠商和極高價的精品廠商並存於市場上，而重視品質設計質感的中間廠商就在這無聲的寧靜革命中犧牲了；加上網路的速度越來越快，每個人都可以輕鬆地瀏覽和搜尋相關的訊息，連購物也方便，在同一網頁各產品比價的競爭底下，不僅讓平價廠商更淌血，現在連百貨賣場和書店等通路廠商也呈現經營困難的窘境，消費者只要在網路上點選就可以購買了，不需花時間交通等成本去現場購買啊！

每個時代各有商機，也各有危機，科技的進步使得一些行業消失，也創造了許多新事業，這或許也可以說是「物質不滅定律」之新解吧！

如果你想要創業，想要銷售一般的商品，沒有特色的商品，只想要靠低價格爭取消費者，我勸你去公司應徵上班就好，因為永遠有人價格比你更低，真的不要做了。

如果你可以創造一個品牌，針對目標消費者塑造出他們喜歡的款式或功能需求，或是你想不出來，你也可以去搜尋其他國家有特色的產品，寫信去向他們爭取進口代理的機會，行銷沒有只有一條路，山不轉路轉，有些廠商甚至每一年必定去國外參觀特定的展覽，不是找代理，就是擷取創意點回來改良，我有一位親戚更絕，直接看快要過期的專利，做好等著，一過期就開始推銷給客戶。

現在既然是網路的時代，因為網路使得很多人失業，反過來說，你也可以利用網路創業，只要你的產品有特色，有創意，有清楚的訴求，有明確的目標消費者，絕對不是以低價訴求的產品，你就可以開始利用你的人脈賺錢。

你可以和以前做網路生意一樣，正經八百地建置一個網站，然後在各個入口網站買廣告版位；現在的網路各種切合網友實際需求的網站或軟體一直推陳出新，因為連軟體開發者也在絞盡腦汁設計更適合你的軟體、遊戲等服務。

當下的社群網站正夯，本書只是以LINE和Facebook兩個社群軟體為例，其他的社群軟體的操作方式應該類似，不必擔心，軟體程式開發者一定會做到讓你很好操作，越是簡易操作，擴散的速度才會快啊！

你可以從你自己的人脈著手，請他們推薦他們的朋友加入你產品的社群，但是你總要不斷地發表實用而有趣的文章，值得推廣的文章，讓你的朋友，朋友的朋友，N層次以上的朋友去轉載分享吧，你只要在這篇文章底下放上你產品社群的資料，這一篇文章傳播的範圍越大，有更多的朋友會因為喜歡這篇文章而加入你的社群。

試想，一個LINE的族群可以有1000位朋友，你只要在辦活動的時候，給他們印有你這個族群的QR code，只要加入就送動態語音貼圖，或是其他具有吸引力的贈品，你在短期間內就可以有10個社群，只要你想要辦一個活動，花十個社群的訊息，就至少有10000人收到訊息，如果你請他們轉傳，兩天之內，你想想看，會有多少人收到這個訊息，而且是實際上收到，一對一的訊息，請問報紙和雜誌的廣告可以精算有多少人看到你的廣告嗎？

相同的道理，Facebook也是一樣，WeChat也是一樣，只要善用一些使用社群推廣技巧，無論是按讚、留言、轉傳、分享等，你都可以在短時間內累積你的目標消費者，甚至你也可以在Facebook等社群軟體設定你想要傳播的對象，如果你產品的目標消費者是年輕女性，你只要設定年齡層區間，在每一篇文章給一些推廣費用，你也可以只給20元（一天），你的目標消費者一開Facebook時就有機會看到你的文章，也有機會加入你的社群。

你就可以不斷地發表對他們的知識增長有益的文章，或是提供最新的趨勢與潮流，或是其他有趣的訊息，不斷地和你的消費者「面對面」接觸，透過經常的接觸讓消費者清楚你，了解你的理念，欣賞你的設計，進而成為你的忠誠消費者。

這裡有一個小技巧必須知道，就是一篇文章的前四句話很重要，因為版面的限制，要有圖有文，就不可能秀出全篇的文章，轉傳的時候大約只有文章最前面的四句話，這幾句話非常重要，不能再「起承轉合」了，馬上就要寫重點，寫吸引人想要點選再看下去的重點，這個原則和前述30秒廣告文案的情況完全一樣。

利用社群所發展的消費群，這也是你的品牌資產，不僅別人帶不走，而且是扎實的社群，是了解你，喜歡你的消費者！

所以，萬事不離其宗，歸結到最後，還是要檢視你的品牌，你的產品有什麼特色，想要賣給誰，他們能夠有什麼收穫。

千萬不要一直想要降低售價，以為價格越低消費者就會買單，價格的確是一個很大的誘因，但是追求低價格是一個無法回頭的死巷子，而且有人一定會想盡辦法比你便宜，到最後參與的廠商都是輸家，因為大家不僅都沒有利潤，而且還會使用違法的原料，貽害消費者。

有時候促銷的時候降低售價的確可以衝高短期的買氣，這也是最容易決定的行銷活動，但是不能經常使用，否則消費者不僅會有期待的心理，期待你降價的時候再來購買，同時消費者也會認為你調回去正常的售價，「有些不合理喔」，既然你都可以經常降價促銷，可見這個低價位你還有賺，再調回去原本的售價那不就多賺了！但是一直在淌血的廠商也不得不為啊，尤其是現今是「平價時尚」當道的時代，任何行業都拼命去比低價的潮流之下，你沒有選擇的餘地。

到最後，市場上所充斥的大多數產品的品質都很差，這是大家的共業，大家的選擇，這實在沒有什麼可以抱怨的。

這個情況普遍存在於世界各地，不只有臺灣，大陸地區，北美地區都是這樣的現象，「平價時尚」、「快速時尚」的潮流扼殺了多少想要維持品質的中間價位的廠商，但是這個現象正在慢慢地改變了，凡事物極必反，兩端擺盪的現象一直在發生。

根據美國紡織業者的口述，未經正式的學術調查論證，也是在北美地區風行的平價時尚的潮流之下，一些標榜屬於個人品味、特色、風格的時尚品牌每年正有以10%左右的速度成長，這些時尚個人工作室或是中小企業品牌的崛起，應該也是拜大量生產壓低售價的平價時尚之賜，消費者在穿著沒有個人品味的平價服飾的同時，在他們的內心深處應該會有一點聲音出現，「我要展現我自己」、「我想要穿出我自己」，甚至在任何產品也是一樣，總是會有一定的消費者擁護你，只要你創造出他們喜歡的款式特色個性等。

很難嗎？當然很難，但是你要用心去討論、去思考、去創造，這個過程是免不了的，任何一個自創品牌個性款式特色功能的個人工作室、中小企業，甚至大企業的企劃部門都在思考這類的問題。如果你不用心去想，經常使用的就是「搭便車」的行為，將別人經營努力的成果做品牌名稱圖案設計「小改款」就上市了，當然，少數的大企業也這麼做，但是每一年的訴訟費用和執行訴訟行為的心力，其金錢與時間的耗費，和「乖乖地去創造一個屬於你自己的品牌個性特色功能」的時間完全一樣。

好記的品牌名稱雖然越來越難想，但是還是有機會創造出來的，加上每一個世代的生活環境不同，我們的世界是處在一個動態的社會系統裡面，永遠有新的需求，永遠有合適的產品設計給他們使用，無論是產品或服務皆是。

你現在需要的只是一個積極的思考與創造的行為，和正在慢慢崛起的北美個人設計工作室或中小企業一樣，靠著自己獨特的設計美感和品味，爭取消費者的青睞，靠著網路的推播與溝通，讓消費者了解你對材料與品質的用心與堅持，這些溝通是以前任何世代無法達到的程度，透過社群網路你可以直接和消費者一對一溝通，也可以同一時間讓你設計的消費者清楚知道你的理念，甚至是最新款式的設計，也可以在第一時間與你的消費者同時分享。

社群的風行對你的行銷大有益處，試想，你將產品掛在任何一個購物網站，等著大家點選，你想要更多人點選就要花錢佔最顯目的版面，等到有人點選了，馬上在網頁上忽然出現網站業者的「貼心設計」，和其他類似產品的比價，你都還不知道你的消費者是誰，你也沒有任何時間去說明你的設計理念，很可能那些消費者就轉向更便宜的廠商購買了。

但是你在社群所累積的消費者就是你的，千萬不要樂昏了頭，你之所以擁有這麼多的忠誠消費者，是因為你的品牌，你的價值觀，你的獨特美感設計，你的品質等等，你要先著重於自己的品牌和產品，多花心思去琢磨討論激盪吧！

創造屬於你自己特色的品牌與產品或服務，所花費的心思，全世界幾乎都一樣，但是其中各有巧妙不同，千萬不要耗盡心力在「模仿別人的成功」身上，製造別人一看到就說是山寨版的品牌或產品。

從最高分極端的創新到最低分極度的模仿來看，你可以創造一個前所未有的新品牌產品，大家可以耳目一新；你也可以將你喜歡的品牌產品「融入或結合」屬於你生長地區的文化特色；你也可以將你自己創造出來的獨特圖案「結合」其他品牌產品；你也可以直接將兩個或三個品牌產品結合起來，成為屬於你的「綜合性」特色品牌產品，以上的方法各有巧妙，你都可以使用，最終的目標就是讓消費者看到的是一個獨特的、不一樣的你，這樣，你就有機會找到喜愛你的消費群，並且透過網路行銷不斷地累積你的人脈資產。

這時候，你就需要本書第二章所提供的品牌行銷企劃案思考與架構圖了，特別加大版面放在後面，讓你列印出來好好地思考，為你加油！希望本書能夠對你有用。

附錄

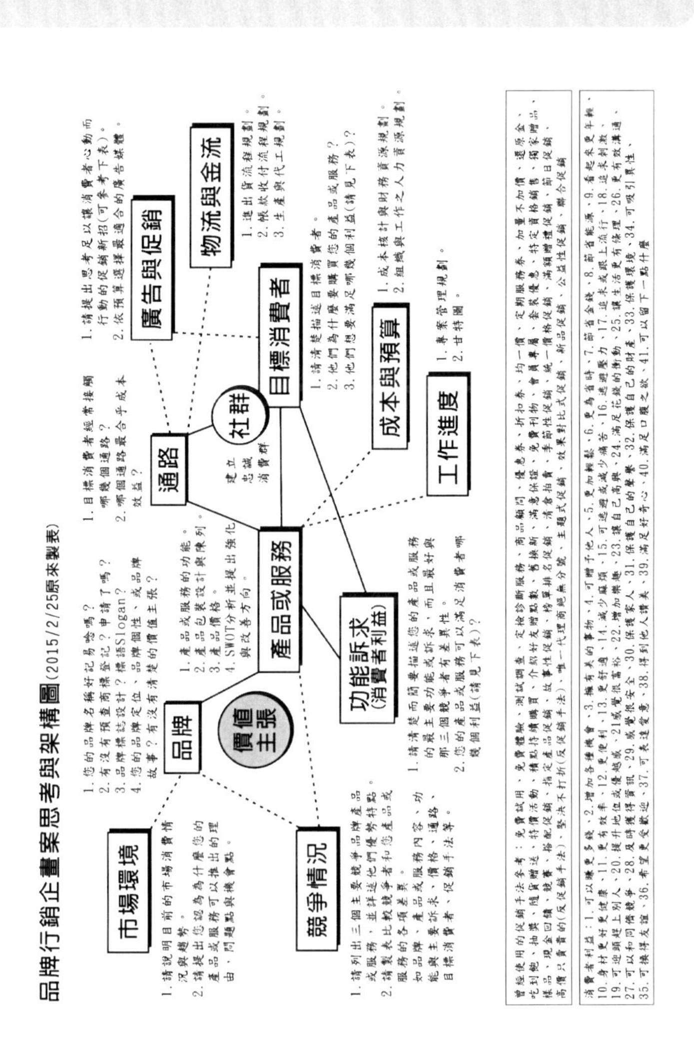
品牌行銷企畫案思考與架構圖(2015/2/25原來製表)
市場環境
1. 請說明目前的市場消費情況與趨勢。
2. 請提出您認為為什麼您的產品或服務可以推出的理由，問題點與機會點。
品牌
1. 您的品牌名稱好記易唸嗎？
2. 有沒有預查商標登記？申請了嗎？
3. 品牌標誌設計？標語Slogan？
4. 您的品牌定位、品牌個性、或品牌故事？有沒有清楚的價值主張？
價值主張
競爭情況
1. 請列出三個主要競爭品牌產品或服務，並詳述他們優勢特點。
2. 請製表比較競爭者和您產品或服務的各項差異。
如品牌、產品或服務內容、功能與主要訴求、價格、通路、目標消費者、促銷手法等。
產品或服務
1. 產品或服務的功能。
2. 產品包裝設計與陳列。
3. 產品價格。
4. SWOT分析並提出強化與改善方向。
功能訴求
(消費者利益)
1. 請清楚而簡要描述您的產品或服務的最主要功能或訴求，而且最好與那三個競爭者有差異性。
2. 您的產品或服務可以滿足消費者哪幾個利益(請見下表)？
通路
1. 目標消費者經常接觸哪幾個通路？
2. 哪個通路最合乎成本效益？
建立
忠誠
消費群
社群
廣告與促銷
1. 請提出思考足以讓消費者心動而行動的促銷新招(可參考下表)。
2. 依預算選擇最適合的廣告媒體。
物流與金流
1. 進出貨流程規劃。
2. 帳款收付流程規劃。
3. 生產與代工規劃。
目標消費者
1. 請清楚描述目標消費者。
2. 他們為什麼要購買您的產品或服務？
3. 他們想要滿足哪幾個利益(請見下表)？
成本與預算
1. 成本核計與財務資源規劃。
2. 組織與工作之人力資源規劃。
工作進度
1. 專案管理規劃。
2. 甘特圖。
曾經使用的促銷手法參考：免費試用、免費體驗、測試調查、定檢診斷服務、商品顧問、優惠券、折扣券、均一價、定期服務券、加量不加價、還原金、吃到飽、抽獎、隨貨贈送、特價活動、積點持續購買、介紹好友贈點數、舊換新、滿意保證、免費刊物、會員專屬、套裝優惠、特定資格銷售、獨家贈品、樣品、現金回饋、競賽、搭配促銷、指定產品促銷、故事性促銷、榜單排名促銷、清倉拍賣、季節性促銷、統一價格促銷、滿額贈禮促銷、節日促銷、高價只賣貴的(反促銷手法)、堅決不打折(反促銷手法)、唯一代理商絕無分號、主題式促銷、效果對比式促銷、新品促銷、公益性促銷、聯合促銷
消費者利益：1.可以賺更多錢、2.增加各種機會、3.擁有美的事物、4.可贈予他人、5.更加輕鬆、6.更為省時、7.節省金錢、8.節省能源、9.看起來更年輕、10.身材更好更健康、11.更有效率、12.更便利、13.更舒適、14.減少麻煩、15.可逃避或減少痛苦、16.逃避壓力、17.追求或跟上流行、18.追求刺激、19.可迎頭趕上別人、20.提升地位或優越感、21感覺很富裕、22.增加樂趣、23.讓自己高興、24.滿足花錢的衝動、25.讓生活更有條理、26.更有效溝通、27.可以和同儕競爭、28.及時獲得資訊、29.感覺很安全、30.保護家人、31.保護自己的聲譽、32.保護自己的財產、33.保護環境、34.可吸引異性、35.可換得友誼、36.希望更受歡迎、37.可表達愛意、38.得到他人讚美、39.滿足好奇心、40.滿足口腹之欲、41.可以留下一點什麼

啟思路03　PI0037

用LINE、FB賺大錢！

──第一次經營品牌就上手

作　　者　原來、葉方良
責任編輯　李冠慶
圖文排版　楊家齊
封面設計　楊廣榕

出版策劃　釀出版
製作發行　秀威資訊科技股份有限公司
114 台北市內湖區瑞光路76巷65號1樓
電話：+886-2-2796-3638　傳真：+886-2-2796-1377
服務信箱：service@showwe.com.tw
http://www.showwe.com.tw
郵政劃撥　19563868　戶名：秀威資訊科技股份有限公司
展售門市　國家書店【松江門市】
104 台北市中山區松江路209號1樓
電話：+886-2-2518-0207　傳真：+886-2-2518-0778
網路訂購　秀威網路書店：http://www.bodbooks.com.tw
國家網路書店：http://www.govbooks.com.tw
法律顧問　毛國樑　律師
總 經 銷　聯合發行股份有限公司
231新北市新店區寶橋路235巷6弄6號4F
電話：+886-2-2917-8022　傳真：+886-2-2915-6275

出版日期　2016年4月　BOD一版
定　　價　320元

Printed in Taiwan

國家圖書館出版品預行編目

用LINE、FB賺大錢! : 第一次經營品牌就上手 / 原來,
葉方良著. -- 一版. -- 臺北市 : 釀出版, 2016.04
面 ; 公分. -- (啟思路 ; 3)
BOD版
ISBN 978-986-445-093-0(平裝)

1. 網路行銷 2. 品牌行銷

496 105001910

讀者回函卡

感謝您購買本書，為提升服務品質，請填妥以下資料，將讀者回函卡直接寄回或傳真本公司，收到您的寶貴意見後，我們會收藏記錄及檢討，謝謝！

如您需要了解本公司最新出版書目、購書優惠或企劃活動，歡迎您上網查詢或下載相關資料：http:// www.showwe.com.tw

您購買的書名：________________________________

出生日期：________年________月________日

學歷：□高中（含）以下　□大專　□研究所（含）以上

職業：□製造業　□金融業　□資訊業　□軍警　□傳播業　□自由業

□服務業　□公務員　□教職　□學生　□家管　□其它_____

購書地點：□網路書店　□實體書店　□書展　□郵購　□贈閱　□其他

您從何得知本書的消息？

□網路書店　□實體書店　□網路搜尋　□電子報　□書訊　□雜誌

□傳播媒體　□親友推薦　□網站推薦　□部落格　□其他__________

您對本書的評價：（請填代號　1.非常滿意　2.滿意　3.尚可　4.再改進）

封面設計____　版面編排____　內容____　文／譯筆____　價格____

讀完書後您覺得：

□很有收穫　□有收穫　□收穫不多　□沒收穫

對我們的建議：________________________________

____

____

____

請貼
郵票

11466
台北市內湖區瑞光路 76 巷 65 號 1 樓
秀威資訊科技股份有限公司 收
BOD 數位出版事業部

(請沿線對折寄回，謝謝！)

姓　　名：________________　年齡：________　性別：□女　□男

郵遞區號：□□□□□

地　　址：______________________________

聯絡電話：(日) ______________ (夜) ______________

E-mail：______________________________